陕西省通用安装工程消耗量定额

（2025）

第六册　自动化控制仪表安装工程

批准部门：陕西省住房和城乡建设厅
主编单位：陕西省建设工程造价服务中心
参编单位：陕西化建工程有限责任公司
软件支持：广联达西安科技有限公司
实施日期：2025年7月1日

中国计划出版社
北　京

本书编委会

总　　编： 李卫军

副 总 编： 张　丹　陈永兵　崔建明　原　波　杜产阳

本册编写人员名单

主　　编： 赵启哲　赵玉兰

副 主 编： 贺渤伦　曹　方　庄智斌

编写人员： 许泽梅　商　艳　武　波　侯联孝　佘美美　冯晓莉　陈经纬　张　铭　彭永才

软件操作： 郭继庆　路燚桓

总　说　明

一、《陕西省通用安装工程消耗量定额（2025）》共分十二册，包括：

第一册　机械设备安装工程

第二册　热力设备安装工程

第三册　静置设备与工艺金属结构制作安装工程

第四册　电气设备与线缆安装工程

第五册　建筑智能化安装工程

第六册　自动化控制仪表安装工程

第七册　通风空调安装工程

第八册　工业管道安装工程

第九册　消防安装工程

第十册　给排水、采暖、燃气安装工程

第十一册　信息通信设备与线缆安装工程

第十二册　防腐蚀、绝热工程

二、《陕西省通用安装工程消耗量定额（2025）》（以下简称“本定额”）是完成规定计量单位分部分项工程所需的人工、材料、施工机械台班、仪器仪表台班的消耗量标准。

三、本定额适用于工业与民用新建、扩建和改建工程项目中的通用安装工程。

四、本定额是在2021年《陕西省安装工程消耗量定额》基础上，以国家和有关行业发布的现行设计规程或规范、施工及验收规范、技术操作规程、质量评定标准、产品标准和安全操作规程、绿色建造规定等，并结合我省实际进行编制。

五、本定额是按照正常施工组织和施工条件，国内大多数施工企业采用的施工方法、机械装备水平、合理的劳动组织及工期进行编制。

1. 设备、材料、成品、半成品、构配件完整无损，符合质量标准和设计要求，附有合格证书和检验、试验合格记录。

2. 安装工程和土建工程之间的交叉作业合理、正常。

3. 安装地点、建筑物实体、设备基础、预留孔洞、预埋件等均符合安装设计要求。

4. 正常的气候、地理条件和施工环境。

5. 水、电供应均满足安装工程正常使用。

六、本定额未包括的项目，可按其他专业相应消耗量定额执行。

七、关于人工：

1. 人工以综合工日表示。

2. 人工消耗量包括基本用工、辅助用工和人工幅度差。

3. 人工每工日按照8小时工作制计算。

八、关于材料：

1. 材料泛指原材料、成品、半成品。包括施工中主要材料、辅助材料、周转材料和其他材料。在项目中以“（×××）”表示的材料为主要材料。

2. 材料用量：

（1）材料用量包括净用量和损耗量。

（2）材料损耗量包括从工地仓库运至安装堆放地点或现场加工地点运至安装地点的搬运损耗、安装操作损耗、安装地点堆放损耗。

（3）材料损耗量不包括场外的运输损失、仓库（含露天堆场）地点或现场加工地点保管损耗、由于材料规格和质量不符合要求而报废的数量；不包括规范、设计文件规定的预留量、搭接量、冗余量。

3. 项目中列出的周转性材料用量是按照不同施工方法、考虑不同工程项目类别、选取不同材料规格综合计算出的摊销量。

4. 对于用量少、低值易耗的零星材料，列为其他材料。按照消耗性材料费用比例计算。

九、关于机械：

1. 施工机械是按照常用机械、合理配备考虑，同时结合施工企业的机械化能力与水平等情况综合确定。

2. 施工机械台班消耗量是按照机械正常施工效率并考虑机械施工适当幅度差综合取定。

3. 原单位价值在2000元以内、使用年限在一年以内不构成固定资产的施工机械，不列入机械台班消耗量，其消耗的燃料动力等综合在其他材料费中。

4. 机械台班按每台班8小时工作制计算。

十、关于仪器仪表：

1. 仪器仪表是按照正常施工组织、施工技术水平考虑，同时结合市场实际情况综合确定。

2. 仪器仪表台班消耗量是按照仪器仪表正常使用率，并考虑必要的检验检测及适当幅度差综合取定。

3. 原单位价值在2000元以内、使用年限在一年以内不构成固定资产的仪器仪表，不列入仪器仪表台班消耗量，其消耗的燃料动力等综合在其他材料费中。

十一、关于水平运输和垂直运输：

1. 水平运输：

（1）水平运输距离是指由施工单位现场仓库或指定堆放地点运至安装地点或垂直运输点的距离。设备水平运距按照200m、材料（含成品、半成品）水平运距按照300m综合取定，执行时不做调整。

（2）项目中未考虑场外运输和场内二次搬运。工程实际发生时应根据有关规定另行计算。

2. 垂直运输：

（1）垂直运输基准面为室外地坪。

（2）垂直运输是按照建筑物层数6层以下、建筑高度20m以下、地下深度10m以内考虑，工程实际超过时，应计算建筑物超高（深）增加费。

十二、关于安装操作高度：

1. 安装操作基准面一般是指室外地坪或室内各层楼地面地坪。

2. 安装操作高度是指安装操作基准面至安装点的垂直高度。除各册另有规定者外，安装操作高度综合取定为6m以内。工程实际超过时，应计算安装操作高度增加费。

十三、关于建筑超高（深）增加费：

1. 建筑超高（深）增加费是指在建筑物层数6层以上、建筑高度20m以上、地下深度10m以上的建筑施工时，应计算建筑超高（深）需要增加的安装费。各册另有规定者除外。

2. 建筑超高（深）增加费包括人工降效、使用机械（含仪器仪表、工具用具）降效、延长垂直运输时间等费用。

3. 建筑超高（深）增加费，以单位工程（群体建筑以车间或单栋楼设计为准）全部工程量（含地下、地上部分）为基数，按照系数法计算。系数详见各册说明。

4. 单位工程（群体建筑以车间或单栋楼设计为准）满足建筑高度、建筑物层数、地下深度之一者，均应计算建筑超高（深）增加费。

十四、关于脚手架搭拆：

1. 脚手架搭拆是根据施工组织设计、满足安装需要所采取的安装措施。脚手架搭拆除满足自身安全外，不包括工程项目安全、环保、文明等工作内容。

2. 脚手架搭拆综合考虑了不同的结构形式、材质、规模、占用时间等要素，执行时不做调整。

3. 在同一个单位工程内有若干专业安装时，凡符合脚手架搭拆计算规定者，应分别计算脚手架搭拆费用。

十五、本定额中没有考虑施工与生产同时进行、在有害身体健康（防腐工程、检测项目除外）条件下施工时的降效，工程实际发生时按各册相关规定另行计算。

十六、本定额适用于海拔 2000m 以下地区。

十七、本定额中注有“××以内”或“××以下”者，均包括××本身；注有“××以外”或“××以上”者，则不包括××本身。

十八、凡本说明未尽事宜，详见各册说明。

十九、本定额的解释和日常管理，由陕西省建设工程造价服务中心负责。

目　录

第七章 仪表管路敷设、伴热及脱脂

第八章 自动化线路、通信

第九章 仪表盘、箱、柜及附件安装

第十章 仪表附件安装制作

册 说 明

一、第六册《自动化控制仪表安装工程》适用于工业自动化仪表安装与试验、环境监测、水处理，不适用智能建筑自动化和民用建筑。内容包括过程检测仪表，过程控制仪表，机械量监控装置，过程分析及环境监测装置，安全、视频及控制系统，综合自动化系统的安装与试验，仪表管路敷设、伴热及脱脂，自动化线路、通信，仪表盘、箱、柜及附件安装，仪表附件安装制作等。

二、本册主要依据的规范标准有：

1.《自动化仪表工程施工及施工质量验收规范》GB 50093—2013；

2.《石油化工可燃气体和有毒气体检测报警设计标准》GB/T 50493—2019；

3.《全国统一安装工程基础定额》GJD 201—2006～GJD 209—2006；

4.《石油化工仪表接地设计规范》SH/T 3081—2019；

5.《石油化工仪表工程施工及验收规范》SH/T 3551—2024；

6.《自控安装图册》HG/T 21581—2012。

三、本册除各章另有说明外，均不包括以下工作内容，发生时应另行计算：

1. 本册定额施工内容只限单体试车阶段，不包括无负荷和负荷试车，单体和局部试运转所需水、电、蒸汽、气体、油（脂）、燃料等，以及化学清洗和油清洗及蒸汽吹扫等。

2. 电气配管、支架制作安装、桥架安装、接地系统，供电电源、UPS 安装，应执行第四册《电气设备与线缆安装工程》相应项目。

3. 管道上安装流量计、调节阀、电磁阀、节流装置、取源部件等，及在管道上开孔焊接部件，管道切断、法兰焊接、短管装拆等，应执行第八册《工业管道安装工程》相应项目。

4. 仪表设备与管路的保温保冷层、防护层安装及相应防水防腐工作，应执行第十二册《防腐蚀、绝热工程》相应项目。

5. 采用焊接的仪表管路、阀门部件等需要无损检测时，应执行第八册《工业管道安装工程》相应项目。

6. 仪表设备安装、与工艺管道、设备法兰连接所需紧固件应按设备成套供货考虑，如未随设备成套供货时，应另行计算。

四、下列费用可按系数分别计取：

1. 脚手架搭拆费，应按安装工程人工费的 8%计算，其中人工费为 40%、材料费为 50%、机械费为 10%。

2. 安装高度超过安装操作基准面 6m 时，安装操作高度增加费，应按照相应项目人工费乘以下表规定系数计算。

系数表

安装高度距离安装操作基准面（m）	≤ 10	≤ 30	≤ 50	> 50
系数	0.10	0.30	0.50	0.75

3. 工业装置（构筑物）高度超过 20m 时，应以整个工业装置（构筑物）工程全部工程量的人工费为基数计取建筑超高增加费，其中人工费为 36.50%，机械费为 63.50%。

建筑超高增加费系数表

建筑物高度（m 以内）	40	60	80	100	120	140	160	180	200
按人工费计算（%）	3	6	10	16	22	28	34	40	46

4. 安装与生产同时进行增加的费用，应按项目人工费的 6%计算。

5. 在有害身体健康的环境中施工降效增加的费用，应按项目人工费的 6%计算。

6. 拆除费用（现场变更等因素需要拆除的项目）应按相应安装项目人工费、机械费的 40%，材料费的 8%计算。

第一章

过程检测仪表

说 明

一、本章内容包括温度仪表，压力仪表，差压、流量仪表，物位检测仪表，显示记录仪表安装试验。

二、本章包括以下工作内容：

技术机具准备、设备领取、搬运、清理、清洗；取源部件的保管、提供、清洗；仪表安装、仪表接头安装、校接线、挂位号牌、单体调试、配合单机试运转、安装调试记录整理；盘装仪表的盘修孔。

1. 温度仪表：

（1）压力式温度计安装、温包安装、毛细管敷设固定、信号整定值和报警试验，变送器安装试验。

（2）安全栅温度变送器带信号转换功能或冷端补偿功能，在机柜中安装；温差/温度变送器的项目按照立柱上安装编制。

（3）油罐平均温度计安装方式采用横插浮动式，包括安装容器内部浮动附件和远传变送器模块盒。

（4）热点探测预警系统的陶瓷插件、夹具（固定卡）、压板等附件安装，随机自带感温电缆、补偿导线安装敷设固定。

（5）带电接点温度计和温度开关整定值和报警试验。

（6）光纤温度计输出 4～20mm 信号和报警试验。

2. 压力仪表：

（1）压力表安装包括取压源部件提供、清洗。

（2）压力变送器在支架上、管道或设备上安装。

（3）纸浆浓度变送器依据静刀式编制，法兰在线连接。

（4）无线压力变送器是在一体的智能化压力检测仪表基础上加入了无线远传模块，可与智能无线接收终端组成压力采集系统。

3. 差压、流量仪表：

（1）流量计安装分为在线流量计和直插法安装流量计。在线安装流量计由仪表专业配合管道专业安装；采用直插法安装的流量计由仪表专业安装，预留孔和法兰焊接由管道专业完成。定额包括成套流量计转换、放大、远传、变送部分安装试验及附件安装。

（2）涡街流量计整套包括漩涡发生体、漩涡检出器、转换器及流量计本体配合安装与试验；旋进式漩涡流量计整套包括传感器和转换器安装试验。

（3）节流装置：检查椭圆度、同心度、流体流向、正负室位置确定、环室孔板清洗、配合一次安装、配合管道吹扫及吹扫后环室清洗和孔板安装。

（4）孔板阀整套安装包括上下两个阀体和中间一个滑板阀，配合管道安装。

（5）光电流速式流量计的光传感器、光电旋桨式测杆、配套的流速仪整套安装。

（6）质量流量计包括检测元件和转换器安装。

（7）明渠流量计由其他专业配合共同安装、试验。

（8）差压变送器在支架或管道设备上安装。

（9）微型流量计指*DN*15 以下采用螺纹连接的，用于精细工程，包括安装和试验。

4. 物位仪表：

（1）浮标液位计：包括浮标架组装、钢丝绳、浮标、滑轮及台架安装。

（2）贮罐液体称重仪：包括称重模块（包括称重传感器、负荷传递装置和安装连接件）、钟罩安装、称重显示仪安装、导压管安装试压。

（3）重锤探测料位计：包括执行器、传感器、磁力起动器、滑轮及滑轮支架安装、重锤、钢丝绳支持件安装。

（4）可编程雷达液位计分为带导波管和不带导波管两种形式。整套包括导波管、天线、罐底压力传感器、温度传感器安装及温压补偿系统安装、检查、接线。

（5）钢带液位计：包括变送器安装、平衡锤、保护罩、浮子、钢带、导向管、保护套管安装、调整，试漏。

（6）多功能储罐液位计采用了最新高度集成化的微处理器，可与多点或平均温度计直接连接，实现了高精度液位测量。并允许用户根据不同的应用要求集成或小或大的罐区规模（最多可集成 40 台罐），组成多功能罐区测量管理系统。

（7）磁浮子翻板液位计：包括导轨、通管组件、浮子、翻板指示装置（或标尺架及标尺安装），变送或传感器安装。

（8）光导液位计：包括浮标、信号码带、连接钢带、导向滑轮、平衡锤和光导转换器，罐顶直接安装。

（9）多功能磁致伸缩液位计采用直插入安装方式，包括密封的磁致伸缩传感器、电子转换器、磁浮子、保护管整套安装。

（10）伺服式物位计整套由浮子、钢丝、伺服电机、传动机构、编码器/编程器等组成。

（11）单、双法兰液位变送器包括毛细管敷设固定。

5. 放射性仪表：包括放射源模拟安装、配合安装放射源及保护管安装、试压、闪烁计数器安装、安全防护。

6. 本章过程检测仪表除特别标明之外，均带报警或远传功能，并具有智能功能。

三、本章不包括以下工作内容：

1. 仪表设备支架、支座、安装与制作，应执行第四册《电气设备与线缆安装工程》金属铁构件制作与安装。

2. 设备开孔、工业管道切断、开孔、法兰焊接、短管制作与安装及焊接。

3. 取源部件配合安装，应执行本册相应项目，如需自行安装，应执行第八册《工业管道安装工程》相应项目。

4. 流量计校验装置的准备、流量发生装置的配置、设施及水源准备。随机自带校验仪器仪表的台班费。

5. 明渠流量计只包括仪表本身安装，不包括堰、槽开挖，为测量所用的挡板、静水井、安装用支架，保护（接线）箱、盒等安装。

6. 无信号输出的温度仪表及热电阻（偶）只在常温下对元件进行检测，不进行升温和热电性能试验。

7. 流量计只对转换变送部分调试，不做流量产生、输送校准及标定。

8. 放射性仪表安装中放射源保管搬运的特殊措施、安全监督鉴定、放射剂量的仪器使用、防护用品的采购和使用、施工人员体检和保健。

工程量计算规则

一、过程检测仪表安装及单体调试应区分温度、压力、流量、差压、物位、显示仪表等，均按设计图示数量，分别以“支”“台”“台（块）”“台/组”“支/组”“支/套”为计量单位。

二、本章仪表按“台件”计算工程量，其与仪表成套的元件、部件是仪表的一部分，如放大器、过滤器等不能重复计算工程量。

三、流量或液位仪表如本体自带现场指示显示仪表，不得另计显示仪表安装与试验。分体式的流量仪表变送部分不得另计安装与试验。

四、仪表在工业设备和管道上的安装孔和一次部件安装，按预留和安装完好考虑，并已合格，不应另行计算工程量。

五、过程检测仪表安装试验工程量计算不再区分智能和非智能。压力式温度计如带变送器，应另行计算工程量。

六、光纤温度计选用接触式安装方式，采用螺纹插座固定，非接触式光纤温度计可执行辐射式比色高温计标准。辐射温度计如带辅助装置，区分轻型或重型另行计算工程量。

七、表面、铠装、多点多对式热电偶（阻）按安装方式不同区分，表面热电偶按每套的支数计算，连续热电偶/寻热热电偶（用于设备表面热点探测报警）按每套有多少探测点计算，铠装热电偶（阻）按每支的长度计算，多点多对按每组有几支温度计计算。

八、连续热电偶/寻热热电偶随机成套的接线箱、温度变送器应另行计算。

九、限流孔板安装按同规格节流装置安装项目乘以系数 0.60。

十、明渠流量计用于给排水渠、废水污水排放管渠，是水流在非满管道流动状态下的流量仪表，按“组”作为计量单位。安装明渠流量计所用的堰、槽开挖，挡板、静水井、安装用支架，保护（接线）箱、盒等安装应另行计算，堰、槽安装执行相应大小的节流装置安装。

十一、钢带液位计、储罐液位称重仪、重锤探测料位计、浮标液位计现场安装包括导向管、滑轮、浮子、钢带、钢丝绳、钟罩或台架等，不得分别计算。

十二、浮筒液位按安装方式分为外浮筒和内浮筒，如带变送器，应另行计算工程量。

十三、多台（最多可达 40 台）多功能储罐液位组成多功能罐区测量管理系统，不得另行计算系统集成的安装调试工程量。

十四、双色磁翻板浮子液位计现场安装，如带远传变送器，其工程量应另行计算。

十五、伺服式液位计是一种多功效仪表，既能够测量液位也能够测量界面、密度和罐底等参数。伺服式液位计安装包括微伺服电动机、浮子、细钢丝、磁鼓、磁铁、电磁传感器等。

十六、放射性仪表包括模拟安装放射源、配合有关专业施工人员安装放射源和试验、安全防护。放射性仪表安装特殊措施费，按施工组织设计另行计算。

一、温度仪表安装

工作内容：清理、表计试验、校接线、安装、固定、挂牌、取源部件保管、提供、清洗、配合单体试运转。

计量单位：支

编号				6-1-1	6-1-2	6-1-3
项目				膨胀式温度计		
				工业液体温度计	双金属温度计	电接点双金属温度计
		名称	单位	消耗量		
人工	000203000	综合二类工	工日	0.108	0.122	0.421
材料	264199005	插座 带丝堵	套	（1.000）	（1.000）	（1.000）
	341304005	位号牌	个	1.000	1.000	1.000
	022703006	细白布 宽 900	m	—	0.050	0.050
	850103006	其他材料费（占材料费）	%	5.000	5.000	5.000
机械	873174013	铭牌打印机	台班	0.012	0.012	0.012
	870110049	干体式温度校验仪	台班	—	—	0.022
	870134001	电动综合校验台	台班	—	—	0.022
	870110074	标准铂电阻温度计	台班	—	—	0.022
	870613023	手持式万用表	台班	—	—	0.028
	873150102	对讲机（一对）	台班	—	—	0.034

工作内容：清理、表计试验、校接线、安装、固定、挂牌、取源部件保管、提供、清洗、配合单体试运转。

计量单位：见表

编号				6-1-4	6-1-5	6-1-6
项目				温度开关	温度控制器	接触式光纤温度计
单位				支		台
		名称	单位	消耗量		
人工	000203000	综合二类工	工日	0.362	0.303	0.398
材料	264199005	插座 带丝堵	套	（1.000）	—	（1.000）
	341304005	位号牌	个	1.000	—	1.000
	850103006	其他材料费（占材料费）	%	5.000	5.000	5.000
机械	871637001	多功能校准仪	台班	—	—	0.023
	873174013	铭牌打印机	台班	0.012	—	0.012
	870110049	干体式温度校验仪	台班	0.017	0.021	—
	870134001	电动综合校验台	台班	0.017	0.022	—
	870110074	标准铂电阻温度计	台班	0.017	0.021	—
	870613023	手持式万用表	台班	0.022	0.026	0.019
	873150102	对讲机（一对）	台班	0.026	0.032	0.023

工作内容：清理、表计试验、校接线、安装、固定、挂牌、取源部件保管、提供、清洗、配合单体试运转。

计量单位：台

编　号				6-1-7	6-1-8	6-1-9	6-1-10
项　目				辐射温度计			
				在线红外线温度计	光电比色温度计	轻型辅助装置	重型辅助装置
名　称			单位	消　耗　量			
人工	000203000	综合二类工	工日	0.292	0.280	0.631	1.005
材料	022703006	细白布 宽 900	m	—	—	0.100	0.150
	341304005	位号牌	个	1.000	1.000	1.000	1.000
	284309003	接地线 5.5～16mm^2	m	—	—	1.000	1.000
	850103006	其他材料费（占材料费）	%	5.000	5.000	5.000	5.000
机械	871637001	多功能校准仪	台班	0.021	0.018	—	—
	870613023	手持式万用表	台班	0.018	0.015	—	—
	873150102	对讲机（一对）	台班	0.021	0.018	—	—
	873174013	铭牌打印机	台班	0.012	0.012	0.012	0.012

工作内容：清理、表计试验、校接线、安装、固定、挂牌、取源部件保管、提供、清洗、配合单体试运转。

计量单位：支

编　号				6-1-11	6-1-12	6-1-13	6-1-14
项　目				压力式温度计（毛细管长 m 以内）			
				2	5	8	12
名　称			单位	消　耗　量			
人工	000203000	综合二类工	工日	0.554	0.788	1.009	1.302
材料	264199005	插座 带丝堵	套	（1.000）	（1.000）	（1.000）	（1.000）
	182506001	固定卡子 1.5×32	个	1.000	1.000	1.000	1.000
	022703006	细白布 宽 900	m	0.050	0.050	0.100	0.100
	143505004	清洗液 500mL	瓶	0.100	0.100	0.150	0.150
	021301001	尼龙扎带（综合）	根	2.000	3.000	4.000	7.000
	341304005	位号牌	个	1.000	2.000	2.000	2.000
	850103006	其他材料费（占材料费）	%	5.000	5.000	5.000	5.000
机械	873174013	铭牌打印机	台班	0.012	0.024	0.024	0.024

工作内容：清理、表计试验、校接线、安装、固定、挂牌、取源部件保管、提供、清洗、配合单体试运转。

计量单位：见表

编号				6-1-15	6-1-16	6-1-17	6-1-18
项目				压力式温度计（毛细管长 m 以内）			压力式温度变送器控制器控制开关
				15	20	每增 1m	
单位				支			台
名称			单位	消耗量			
人工	000203000	综合二类工	工日	1.523	1.886	0.043	0.496
材料	264199005	插座 带丝堵	套	（1.000）	（1.000）	—	—
	182506001	固定卡子 1.5×32	个	1.000	2.000	—	—
	022703006	细白布 宽 900	m	0.150	0.200	—	—
	143505004	清洗液 500mL	瓶	0.200	0.200	—	—
	021301001	尼龙扎带（综合）	根	8.000	12.000	0.500	—
	341304005	位号牌	个	2.000	2.000	—	1.000
	850103006	其他材料费（占材料费）	%	5.000	5.000	5.000	5.000
机械	873174013	铭牌打印机	台班	0.024	0.024	—	0.012
	870110049	干体式温度校验仪	台班	—	—	—	0.057
	870134001	电动综合校验台	台班	—	—	—	0.051
	870110074	标准铂电阻温度计	台班	—	—	—	0.051
	870613023	手持式万用表	台班	—	—	—	0.029
	873150102	对讲机（一对）	台班	—	—	—	0.029

工作内容：清理、表计试验、校接线、安装、固定、挂牌、取源部件保管、提供、清洗、配合单体试运转。

计量单位：支

编号				6-1-19	6-1-20	6-1-21	6-1-22	6-1-23
项目				热电偶（阻）				
				普通式	耐磨式	吹气式	油罐平均温度计	室内固定式
名称			单位	消耗量				
人工	000203000	综合二类工	工日	0.271	0.308	0.589	1.449	0.262
材料	264199005	插座 带丝堵	套	（1.000）	（1.000）	（1.000）	—	—
	181625019	仪表接头	套	—	—	（2.000）	—	—
	860110008	附件	套	—	—	—	（3.000）	—
	022703006	细白布 宽 900	m	—	0.050	0.100	0.150	0.050
	341304005	位号牌	个	1.000	1.000	1.000	1.000	1.000
	340203007	聚四氟乙烯生料带（综合）	m	—	—	0.400	—	—
	850103006	其他材料费（占材料费）	%	5.000	5.000	5.000	5.000	5.000
机械	873174013	铭牌打印机	台班	0.012	0.012	0.012	0.012	0.012
	871640025	多功能校验仪	台班	0.003	0.003	0.007	0.016	0.003
	870613023	手持式万用表	台班	0.008	0.009	0.017	0.041	0.007
	873150102	对讲机（一对）	台班	0.003	0.003	0.007	0.016	0.003

工作内容：清理、表计试验、校接线、安装、固定、挂牌、取源部件保管、提供、清洗、配合单体试运转。

计量单位：支/组

编号				6-1-24	6-1-25	6-1-26	6-1-27	6-1-28	6-1-29
项目				热电偶（阻）多点多对式（支/组以内）					
				2	3	6	9	12	每增 1 支
名称			单位	消耗量					
人工	000203000	综合二类工	工日	0.416	0.549	0.954	1.377	1.797	0.126
材料	264199005	插座 带丝堵	套	（1.000）	（1.000）	（1.000）	（1.000）	（1.000）	—
	022703006	细白布 宽 900	m	0.050	0.060	0.080	0.100	0.100	0.010
	341304005	位号牌	个	1.000	1.000	1.000	1.000	1.000	—
	850103006	其他材料费（占材料费）	%	5.000	5.000	5.000	5.000	5.000	5.000
机械	873174013	铭牌打印机	台班	0.012	0.012	0.012	0.012	0.012	—
	871640025	多功能校验仪	台班	0.005	0.006	0.011	0.016	0.020	0.001
	870613023	手持式万用表	台班	0.012	0.016	0.027	0.039	0.051	0.004
	873150102	对讲机（一对）	台班	0.006	0.008	0.013	0.019	0.025	0.002

工作内容： 清理、表计试验、校接线、安装、固定、挂牌、取源部件保管、提供、清洗、配合单体试运转。

计量单位：支

编号				6-1-30	6-1-31	6-1-32	6-1-33
项目				铠装热电偶（阻）（长度 m 以内）			
				2	5	10	15
名称			单位	消耗量			
人工	000203000	综合二类工	工日	0.258	0.398	0.573	0.713
材料	264199005	插座 带丝堵	套	（1.000）	（1.000）	（1.000）	（1.000）
	022703006	细白布 宽 900	m	0.050	0.050	0.070	0.085
	341304005	位号牌	个	1.000	1.000	1.000	1.000
	182513012	镀锌管卡子 3×15	个	2.000	4.000	7.000	10.000
	850103006	其他材料费（占材料费）	%	5.000	5.000	5.000	5.000
机械	873174013	铭牌打印机	台班	0.012	0.012	0.012	0.012
	870613023	手持式万用表	台班	0.007	0.011	0.016	0.020
	873150102	对讲机（一对）	台班	0.003	0.004	0.006	0.008
	870699160	多功能信号校验仪	台班	0.003	0.004	0.006	0.008

工作内容： 清理、表计试验、校接线、安装、固定、挂牌、取源部件保管、提供、清洗、配合单体试运转。

计量单位：支

编号				6-1-34	6-1-35	6-1-36	6-1-37
项目				铠装热电偶（阻）（长度 m 以内）			
				20	30	50	每增 1m
名称			单位	消耗量			
人工	000203000	综合二类工	工日	0.981	1.239	1.777	0.054
材料	264199005	插座 带丝堵	套	（1.000）	（1.000）	（1.000）	—
	182513012	镀锌管卡子 3×15	个	15.000	22.000	38.000	0.800
	022703006	细白布 宽 900	m	0.100	0.150	0.200	0.010
	341304005	位号牌	个	1.000	1.000	1.000	—
	850103006	其他材料费（占材料费）	%	5.000	5.000	5.000	5.000
机械	873174013	铭牌打印机	台班	0.012	0.012	0.012	—
	870699160	多功能信号校验仪	台班	0.011	0.014	0.020	—
	870613023	手持式万用表	台班	0.028	0.035	0.050	—
	873150102	对讲机（一对）	台班	0.011	0.014	0.020	—

工作内容：清理、表计试验、校接线、安装、固定、挂牌、取源部件保管、提供、清洗、配合单体试运转。 **计量单位：**支/套

编号				6-1-38	6-1-39	6-1-40	6-1-41
项目				表面温度计（支/套以内）		连续热电偶/寻热热电偶（点/套以内）	
				1	6	12	24
名称			单位	消耗量			
人工	000203000	综合二类工	工日	0.243	2.037	7.575	19.423
材料	233333001	感温探测器补偿导线	m	—	—	（576.000）	（1152.000）
	860110008	附件	套	—	（6.000）	（12.000）	（24.000）
	022703006	细白布 宽 900	m	0.050	0.100	0.100	0.200
	271703004	塑料胶带	m	0.300	0.700	1.000	3.000
	341304005	位号牌	个	1.000	6.000	12.000	24.000
	290901001	接线铜端子头	个	—	—	48.000	96.000
	152307002	耐高温铝箔玻璃纤维带 50m/卷	卷	—	—	4.752	9.504
	031301009	低碳钢焊条 J427（综合）	kg	—	—	0.330	0.605
	021301001	尼龙扎带（综合）	根	—	—	24.000	48.000
	850103006	其他材料费（占材料费）	%	5.000	5.000	5.000	5.000
机械	990904030	直流弧焊机 20kV·A	台班	—	—	0.202	0.437
	873174013	铭牌打印机	台班	0.012	0.072	0.148	0.270
	871640025	多功能校验仪	台班	0.002	0.017	0.125	0.323
	870613023	手持式万用表	台班	0.007	0.057	0.209	0.538
	873150102	对讲机（一对）	台班	0.003	0.023	0.737	1.901

工作内容：清理、表计试验、校接线、安装、固定、挂牌、取源部件保管、提供、清洗、配合单体试运转。

计量单位：支/套

编号				6-1-42	6-1-43	6-1-44
项目				连续热电偶/寻热热电偶（点/套以内）		
				36	48	60
名称			单位	消耗量		
人工	000203000	综合二类工	工日	23.726	32.294	39.897
材料	233333001	感温探测器补偿导线	m	（1728.000）	（2304.000）	（2880.000）
	860110008	附件	套	（36.000）	（48.000）	（60.000）
	290901001	接线铜端子头	个	144.000	192.000	240.000
	152307002	耐高温铝箔玻璃纤维带 50m/卷	卷	14.256	19.008	23.760
	022703006	细白布 宽 900	m	0.500	1.000	1.500
	031301009	低碳钢焊条 J427（综合）	kg	0.778	1.037	1.296
	021301001	尼龙扎带（综合）	根	72.000	96.000	120.000
	271703004	塑料胶带	m	4.000	4.500	5.000
	341304005	位号牌	个	36.000	48.000	60.000
	850103006	其他材料费（占材料费）	%	5.000	5.000	5.000
机械	990904030	直流弧焊机 20kV · A	台班	0.562	0.749	0.936
	873174013	铭牌打印机	台班	0.377	0.470	0.549
	871640025	多功能校验仪	台班	0.394	0.536	0.663
	870613023	手持式万用表	台班	0.657	0.894	1.104
	873150102	对讲机（一对）	台班	2.320	3.159	3.901

工作内容：清理、表计试验、校接线、安装、固定、挂牌、取源部件保管、提供、清洗、配合单体试运转。

计量单位：台

编号				6-1-45	6-1-46	6-1-47	6-1-48
项目				安全栅温度变送器	温差/温度变送器	一体化温度变送器	无线温湿度变送器
名称			单位	消耗量			
人工	000203000	综合二类工	工日	0.132	1.239	1.216	2.011
材料	264199005	插座 带丝堵	套	—	（1.000）	（1.000）	（1.000）
	341304005	位号牌	个	—	1.000	1.000	1.000
	022703006	细白布 宽 900	m	—	—	0.070	—
	850103006	其他材料费（占材料费）	%	5.000	5.000	5.000	5.000
机械	871640025	多功能校验仪	台班	0.011	—	0.247	0.363
	873150102	对讲机（一对）	台班	0.021	0.142	0.141	0.208
	873174013	铭牌打印机	台班	—	0.012	0.012	0.012
	870613023	手持式万用表	台班	—	0.212	0.212	—
	870110049	干体式温度校验仪	台班	—	0.096	0.096	—
	870110074	标准铂电阻温度计	台班	—	0.096	0.096	—
	873112061	精密交直流稳压电源	台班	—	0.096	0.096	—
	870699160	多功能信号校验仪	台班	—	0.212	—	—
	870110001	数字温度计	台班	—	0.032	—	—
	870199011	笔记本电脑	台班	—	—	—	0.231

二、压力仪表安装

工作内容： 清理、表计试验、校接线、安装、固定、挂牌、取源部件保管、提供、清洗、配合单体试运转。

计量单位： 块

编号				6-1-49	6-1-50	6-1-51	6-1-52
项目				压力表		压力记录仪	远传指示压力表
				就地	盘装		
名称			单位	消耗量			
人工	000203000	综合二类工	工日	0.248	0.289	0.386	0.467
材料	181625019	仪表接头	套	（1.000）	（1.000）	（1.000）	（1.000）
	860150007	取源部件	套	（1.000）	（1.000）	（1.000）	（1.000）
	022703006	细白布 宽 900	m	0.010	0.010	0.020	0.020
	341304005	位号牌	个	1.000	—	1.000	1.000
	182506001	固定卡子 1.5×32	个	—	—	—	1.000
	850103006	其他材料费（占材料费）	%	5.000	5.000	5.000	5.000
机械	873174013	铭牌打印机	台班	0.012	—	0.012	0.012
	870113055	标准压力发生器	台班	0.004	0.004	0.006	0.011
	870113025	便携式电动泵压力校验仪	台班	—	—	0.053	0.097
	870134001	电动综合校验台	台班	—	—	0.020	0.036
	873112061	精密交直流稳压电源	台班	—	—	0.020	0.036
	870613023	手持式万用表	台班	—	—	0.020	0.036
	873150102	对讲机（一对）	台班	—	—	—	0.036

工作内容： 清理、表计试验、校接线、安装、固定、挂牌、取源部件保管、提供、清洗、配合单体试运转。

计量单位： 块

编号				6-1-53	6-1-54	6-1-55	6-1-56
项目				电接点压力表	膜盒微压计	压力开关	光电编码压力表
名称			单位	消耗量			
人工	000203000	综合二类工	工日	0.467	0.458	0.412	0.762
材料	181625019	仪表接头	套	（1.000）	（1.000）	（1.000）	（1.000）
	860150007	取源部件	套	（1.000）	（1.000）	（1.000）	（1.000）
	182506001	固定卡子 1.5×32	个	1.000	1.000	1.000	1.000
	022703006	细白布 宽900	m	0.050	0.050	0.050	0.050
	341304005	位号牌	个	1.000	1.000	1.000	1.000
	850103006	其他材料费（占材料费）	%	5.000	5.000	5.000	5.000
机械	873174013	铭牌打印机	台班	0.012	0.012	0.012	0.012
	870113025	便携式电动泵压力校验仪	台班	0.107	—	0.080	0.193
	870113055	标准压力发生器	台班	0.011	—	0.008	—
	873112061	精密交直流稳压电源	台班	0.033	—	0.024	0.060
	870699160	多功能信号校验仪	台班	0.033	—	0.024	0.060
	870613023	手持式万用表	台班	0.055	—	0.040	0.100
	873150102	对讲机（一对）	台班	0.040	—	0.030	0.072
	870131001	气动综合校验台	台班	—	0.072	—	—
	870134001	电动综合校验台	台班	—	—	—	0.066
	870113001	数字压力表	台班	—	—	—	0.060

工作内容：清理、表计试验、校接线、安装、固定、挂牌、取源部件保管、提供、清洗、配合单体试运转。

计量单位：块

编号				6-1-57	6-1-58	6-1-59	6-1-60
项目				隔膜压力表	压力变送器	纸浆浓度变送器	无线压力变送器
名称			单位	消耗量			
人工	000203000	综合二类工	工日	0.458	1.239	1.309	1.917
材料	181625019	仪表接头	套	（1.000）	（1.000）	—	（1.000）
	860150007	取源部件	套	（1.000）	（1.000）	—	（1.000）
	022703006	细白布 宽 900	m	0.050	—	0.100	—
	341304005	位号牌	个	1.000	1.000	1.000	1.000
	340203007	聚四氟乙烯生料带（综合）	m	—	0.850	—	0.850
	850103006	其他材料费（占材料费）	%	5.000	5.000	5.000	5.000
机械	873174013	铭牌打印机	台班	0.012	0.012	0.012	0.012
	870113025	便携式电动泵压力校验仪	台班	0.072	0.142	—	—
	870113055	标准压力发生器	台班	0.007	—	—	—
	870134001	电动综合校验台	台班	—	0.096	—	—
	873112061	精密交直流稳压电源	台班	—	0.096	—	—
	870613023	手持式万用表	台班	—	0.212	0.247	—
	870113063	智能数字压力校验仪	台班	—	0.142	—	—
	871640025	多功能校验仪	台班	—	0.248	0.288	0.284
	873150102	对讲机（一对）	台班	—	0.142	0.164	0.162
	870199011	笔记本电脑	台班	—	—	—	0.176

三、流量仪表安装

1. 流量、差压仪表

工作内容：清理、表计试验、校接线、安装或配合安装、固定、挂牌、取源部件保管、提供、清洗、配合单体试运转。

计量单位：台

编号				6-1-61	6-1-62	6-1-63	6-1-64
项目				转子流量计		椭圆齿轮流量计	
				就地指示	电远传式	就地指示	电远传式
名称			单位	消耗量			
人工	000203000	综合二类工	工日	0.222	0.853	1.099	1.694
材料	143505004	清洗液 500mL	瓶	0.100	0.100	0.300	0.300
	022703006	细白布 宽 900	m	0.100	0.100	0.200	0.200
	341304005	位号牌	个	1.000	1.000	1.000	1.000
	284309003	接地线 5.5～16mm^2	m	—	—	1.000	1.000
	850103006	其他材料费（占材料费）	%	5.000	5.000	5.000	5.000
机械	990401015	载重汽车 4t	台班	0.010	0.010	0.021	0.023
	873174013	铭牌打印机	台班	0.012	0.012	0.012	0.012
	870699160	多功能信号校验仪	台班	—	0.073	—	—
	870613023	手持式万用表	台班	—	0.081	—	0.131
	870613013	兆欧表	台班	—	0.030	—	0.030
	873150102	对讲机（一对）	台班	—	0.065	—	0.105
	870622055	接地电阻测试仪	台班	—	—	0.050	0.050
	871640025	多功能校验仪	台班	—	—	—	0.157
	873114001	数字电压表	台班	—	—	—	0.105

工作内容：清理、表计试验、校接线、安装或配合安装、固定、挂牌、取源部件保管、提供、清洗、配合单体试运转。

计量单位：台

编号				6-1-65	6-1-66	6-1-67	6-1-68
项目				电磁流量计		涡街流量计	旋进漩涡流量计
				在线式	插入式		
名称			单位	消耗量			
人工	000203000	综合二类工	工日	2.080	2.957	2.080	2.513
材料	143505004	清洗液 500mL	瓶	0.100	0.400	0.100	0.100
	022703006	细白布 宽 900	m	0.100	0.100	0.100	0.100
	284309003	接地线 5.5～16mm^2	m	1.000	1.000	1.000	1.000
	341304005	位号牌	个	1.000	1.000	1.000	1.000
	850103006	其他材料费（占材料费）	%	5.000	5.000	5.000	5.000
机械	990401015	载重汽车 4t	台班	0.025	0.042	0.041	0.052
	873174013	铭牌打印机	台班	0.012	0.012	0.012	0.012
	871640025	多功能校验仪	台班	0.246	0.261	0.253	0.283
	870613023	手持式万用表	台班	0.205	0.218	0.253	0.236
	873114001	数字电压表	台班	0.164	0.174	0.127	0.142
	870613013	兆欧表	台班	0.030	0.030	0.030	0.030
	870622055	接地电阻测试仪	台班	0.050	0.050	0.050	0.050
	873150102	对讲机（一对）	台班	0.164	0.174	0.253	0.283

工作内容：清理、表计试验、校接线、安装或配合安装、固定、挂牌、取源部件保管、提供、清洗、配合单体试运转。　　**计量单位：**台

编　号				6-1-69	6-1-70	6-1-71	6-1-72	6-1-73
项　目				涡轮流量计	楔式流量计	内藏孔板流量计		温压补偿流量计
						就地积算型	电远传变送型	
名　称			单位	消　耗　量				
人工	000203000	综合二类工	工日	2.243	2.489	1.145	1.519	1.812
材料	181625019	仪表接头	套	—	（2.000）	—	—	—
	143505004	清洗液 500mL	瓶	0.400	0.400	0.500	0.500	0.300
	022703006	细白布 宽 900	m	0.100	0.100	0.100	0.100	0.100
	284309003	接地线 5.5～16mm^2	m	1.000	1.000	1.000	1.000	1.000
	341304005	位号牌	个	1.000	1.000	1.000	1.000	1.000
	850103006	其他材料费（占材料费）	%	5.000	5.000	5.000	5.000	5.000
机械	990401015	载重汽车 4t	台班	0.051	0.062	0.036	0.037	0.040
	873174013	铭牌打印机	台班	0.012	0.012	0.012	0.012	0.012
	871640025	多功能校验仪	台班	0.210	0.184	—	—	—
	870613023	手持式万用表	台班	0.175	0.153	0.016	0.098	0.155
	873114001	数字电压表	台班	0.105	0.092	—	0.059	0.093
	870613013	兆欧表	台班	0.030	—	0.030	0.030	0.030
	870622055	接地电阻测试仪	台班	0.050	0.050	—	—	—
	873150102	对讲机（一对）	台班	0.210	0.184	—	0.118	0.186
	870699160	多功能信号校验仪	台班	—	—	0.013	0.079	0.124

工作内容：清理、表计试验、校接线、安装或配合安装、固定、挂牌、取源部件保管、提供、清洗、配合单体试运转。

计量单位：台

编号				6-1-74	6-1-75	6-1-76	6-1-77
项目				振荡球流量计	冲量式/圆盘流量计	毕托管流量计	均速管流量计
名称			单位	消耗量			
人工	000203000	综合二类工	工日	1.835	1.682	1.262	1.122
材料	264199005	插座 带丝堵	套	—	—	（1.000）	—
	181625019	仪表接头	套	—	—	（2.000）	（2.000）
	143505004	清洗液 500mL	瓶	0.200	0.200	0.200	0.300
	022703006	细白布 宽 900	m	0.100	0.100	0.100	0.100
	280301003	铜芯塑料绝缘电线 BV-1.5mm^2	m	3.000	—	—	—
	284309003	接地线 5.5～16mm^2	m	1.000	1.000	1.000	1.000
	341304005	位号牌	个	1.000	1.000	1.000	1.000
	850103006	其他材料费（占材料费）	%	5.000	5.000	5.000	5.000
机械	990401015	载重汽车 4t	台班	0.043	0.039	0.031	0.020
	873174013	铭牌打印机	台班	0.012	0.012	0.012	0.012
	871640025	多功能校验仪	台班	0.160	—	—	—
	870613023	手持式万用表	台班	0.133	0.128	0.084	0.065
	873114001	数字电压表	台班	0.080	0.077	0.050	0.033
	870622055	接地电阻测试仪	台班	0.050	0.050	0.050	0.050
	870613013	兆欧表	台班	0.030	0.030	—	—
	873150102	对讲机（一对）	台班	0.160	0.154	0.101	0.098
	870699160	多功能信号校验仪	台班	—	0.103	0.067	0.065

工作内容：清理、表计试验、校接线、安装或配合安装、固定、挂牌、取源部件保管、提供、清洗、配合单体试运转。 **计量单位：**台

编号				6-1-78	6-1-79	6-1-80	6-1-81
项目				靶式流量计变送器		核辐射流量计	平衡调整式流量计
				现场显示	带电变送传送		
名称			单位	消耗量			
人工	000203000	综合二类工	工日	0.912	1.438	5.609	1.682
材料	341301002	警告牌	个	—	—	（1.000）	—
	143505004	清洗液 500mL	瓶	0.200	0.200	0.200	0.300
	022703006	细白布 宽 900	m	0.100	0.100	0.100	0.100
	284309003	接地线 5.5～16mm^2	m	1.000	1.000	1.000	1.000
	341304005	位号牌	个	1.000	1.000	1.000	1.000
	850103006	其他材料费（占材料费）	%	5.000	5.000	5.000	5.000
机械	990401015	载重汽车 4t	台班	0.021	0.025	0.025	0.027
	873174013	铭牌打印机	台班	0.012	0.012	0.012	0.012
	870613023	手持式万用表	台班	0.020	0.089	0.152	0.101
	870622055	接地电阻测试仪	台班	0.050	0.050	0.050	0.050
	870699160	多功能信号校验仪	台班	—	0.155	—	0.180
	873114001	数字电压表	台班	—	0.044	—	0.060
	873150102	对讲机（一对）	台班	—	0.133	0.538	0.180
	871640025	多功能校验仪	台班	—	—	0.323	—
	870613013	兆欧表	台班	—	—	0.030	—

工作内容：清理、表计试验、校接线、安装或配合安装、固定、挂牌、取源部件保管、提供、清洗、配合单体试运转。

计量单位：台

编号				6-1-82	6-1-83	6-1-84
项目				质量流量计		
				在线式	热式	插入式
名称			单位	消耗量		
人工	000203000	综合二类工	工日	1.917	1.952	2.314
材料	264199005	插座 带丝堵	套	—	—	（1.000）
	143505004	清洗液 500mL	瓶	0.200	0.200	0.200
	022703006	细白布 宽 900	m	0.200	0.200	0.200
	284309003	接地线 5.5～16mm^2	m	1.000	1.000	1.000
	341304005	位号牌	个	1.000	1.000	1.000
	280301003	铜芯塑料绝缘电线 BV-1.5mm^2	m	—	1.500	—
	850103006	其他材料费（占材料费）	%	5.000	5.000	5.000
机械	990401015	载重汽车 4t	台班	0.018	0.018	0.024
	873174013	铭牌打印机	台班	0.012	0.012	0.012
	870613023	手持式万用表	台班	0.145	0.152	0.145
	873114001	数字电压表	台班	0.109	0.114	0.109
	870622055	接地电阻测试仪	台班	0.050	0.050	0.050
	873150102	对讲机（一对）	台班	0.250	0.261	0.257
	871640025	多功能校验仪	台班	0.209	0.217	0.214

工作内容：清理、表计试验、校接线、安装或配合安装、固定、挂牌、取源部件保管、提供、清洗、配合单体试运转。　　**计量单位：**台

编号				6-1-85	6-1-86	6-1-87	6-1-88
项目				明渠流量计			电容式流量计
				堰槽液位法	潜水电磁法	流速-水位法	
名称			单位	消耗量			
人工	000203000	综合二类工	工日	4.920	4.368	5.025	1.087
材料	181625019	仪表接头	套	（1.000）	—	—	—
	264199005	插座 带丝堵	套	—	—	—	（1.000）
	143505004	清洗液 500mL	瓶	0.300	0.300	0.300	0.100
	022703006	细白布 宽 900	m	0.200	0.200	0.300	0.200
	284309003	接地线 5.5～16mm^2	m	1.000	1.000	2.000	1.000
	341304005	位号牌	个	1.000	1.000	2.000	1.000
	850103006	其他材料费（占材料费）	%	5.000	5.000	5.000	5.000
机械	990401015	载重汽车 4t	台班	0.062	0.054	0.067	0.009
	873174013	铭牌打印机	台班	0.012	0.012	0.024	0.012
	870699160	多功能信号校验仪	台班	0.404	0.364	—	—
	870613023	手持式万用表	台班	0.404	0.364	0.340	0.185
	873114001	数字电压表	台班	0.140	0.127	0.111	—
	870622055	接地电阻测试仪	台班	0.050	0.050	0.050	—
	873150102	对讲机（一对）	台班	0.404	0.364	0.340	0.185
	870613013	兆欧表	台班	—	0.030	—	—
	871640025	多功能校验仪	台班	—	—	0.340	0.185

工作内容：清理、表计试验、校接线、安装或配合安装、固定、挂牌、取源部件保管、提供、清洗、配合单体试运转。

计量单位：台

编号				6-1-89	6-1-90	6-1-91	6-1-92
项目				超声波流量计	光电流速测量仪	锥管流量计	弯管流量计
名称			单位	消耗量			
人工	000203000	综合二类工	工日	1.309	2.103	1.952	2.664
材料	181625019	仪表接头	套	—	—	（2.000）	（4.000）
	143505004	清洗液 500mL	瓶	0.100	0.100	0.100	0.100
	022703006	细白布 宽 900	m	0.200	0.100	0.200	0.200
	284309003	接地线 5.5～16mm^2	m	1.000	1.000	—	—
	341304005	位号牌	个	1.000	1.000	1.000	1.000
	280301003	铜芯塑料绝缘电线 BV-1.5mm^2	m	—	1.000	—	—
	850103006	其他材料费（占材料费）	%	5.000	5.000	5.000	5.000
机械	990401015	载重汽车 4t	台班	0.014	0.025	0.019	0.030
	873174013	铭牌打印机	台班	0.012	0.012	0.012	0.012
	871640025	多功能校验仪	台班	0.149	0.187	—	—
	870613023	手持式万用表	台班	0.149	0.125	0.161	0.175
	873150102	对讲机（一对）	台班	0.149	0.156	0.201	0.219
	870699160	多功能信号校验仪	台班	—	—	0.241	0.263

工作内容：清理、表计试验、校接线、安装或配合安装、固定、挂牌、取源部件保管、提供、清洗、配合单体试运转。 **计量单位**：台

编号				6-1-93	6-1-94	6-1-95	6-1-96
项目				刮板流量计	微型流量计	差压接受仪表	
						就地指示或记录型	电远传型
名称			单位	消耗量			
人工	000203000	综合二类工	工日	1.438	0.246	0.476	0.789
材料	181625019	仪表接头	套	—	（2.000）	（2.000）	（2.000）
	143505004	清洗液 500mL	瓶	0.100	0.100	0.100	0.100
	022703006	细白布 宽 900	m	0.200	0.100	0.200	0.200
	284309003	接地线 5.5～16mm^2	m	1.000	1.000	1.000	1.000
	341304005	位号牌	个	1.000	1.000	1.000	1.000
	340203007	聚四氟乙烯生料带（综合）	m	—	—	1.700	1.700
	850103006	其他材料费（占材料费）	%	5.000	—	5.000	5.000
机械	990401015	载重汽车 4t	台班	0.015	—	—	—
	873174013	铭牌打印机	台班	0.012	0.012	0.012	0.012
	870699160	多功能信号校验仪	台班	0.166	—	—	0.214
	870613023	手持式万用表	台班	0.111	—	0.016	0.065
	873150102	对讲机（一对）	台班	0.139	—	—	0.081
	871640025	多功能校验仪	台班	—	0.036	—	—
	873112061	精密交直流稳压电源	台班	—	—	0.011	0.056
	870134001	电动综合校验台	台班	—	—	0.030	0.042

工作内容： 清理、表计试验、校接线、安装或配合安装、固定、挂牌、取源部件保管、提供、清洗、配合单体试运转。

计量单位： 台

编号				6-1-97	6-1-98	6-1-99
项目				差压变送器	多路流量仪	流量开关
名称			单位	消耗量		
人工	000203000	综合二类工	工日	1.542	1.589	0.654
材料	860150007	取源部件	套	（2.000）	—	（1.000）
	181625019	仪表接头	套	（2.000）	—	（1.000）
	340203007	聚四氟乙烯生料带（综合）	m	1.700	—	1.700
	143505004	清洗液 500mL	瓶	0.100	0.100	0.100
	022703006	细白布 宽 900	m	0.200	0.200	0.200
	341304005	位号牌	个	1.000	—	1.000
	284309003	接地线 5.5～16mm^2	m	—	—	1.000
	850103006	其他材料费（占材料费）	%	5.000	5.000	5.000
机械	873174013	铭牌打印机	台班	0.012	—	0.012
	871640025	多功能校验仪	台班	0.323	0.332	—
	873112061	精密交直流稳压电源	台班	0.125	0.172	—
	870613023	手持式万用表	台班	0.277	0.190	0.056
	870134001	电动综合校验台	台班	0.125	—	0.185
	870113025	便携式电动泵压力校验仪	台班	0.185	—	—
	870113063	智能数字压力校验仪	台班	0.185	—	—
	873150102	对讲机（一对）	台班	0.185	0.284	0.070
	870699160	多功能信号校验仪	台班	—	—	0.169
	870113059	标准差压发生器 PASHEN	台班	—	—	0.040

2. 节 流 装 置

工作内容：清理、清洗、检查、配合安装、配合吹扫、吹扫后的二次清理和二次安装、挂牌。

计量单位：台（块）

编号				6-1-100	6-1-101	6-1-102	6-1-103	6-1-104
项目				公称直径（mm 以内）				
				100	300	600	1000	1000 以上
名称			单位	消耗量				
人工	000203000	综合二类工	工日	0.401	0.507	1.051	2.215	2.757
材料	022703006	细白布 宽 900	m	0.100	0.100	0.150	0.220	0.280
	143505004	清洗液 500mL	瓶	0.080	0.150	0.200	0.600	0.700
	341304005	位号牌	个	1.000	1.000	1.000	1.000	1.000
	850103006	其他材料费（占材料费）	%	5.000	5.000	5.000	5.000	5.000
机械	990401015	载重汽车 4t	台班	—	—	0.010	—	—
	990401030	载重汽车 8t	台班	—	—	—	0.020	0.020
	990304016	汽车式起重机 16t	台班	—	—	—	0.020	0.020
	873174013	铭牌打印机	台班	0.012	0.012	0.012	0.012	0.012

工作内容：清理、清洗、检查、配合安装、配合吹扫、吹扫后的二次清理和二次安装、挂牌。

计量单位：台

编号				6-1-105	6-1-106	6-1-107	6-1-108	6-1-109
项目				文丘里管	插入式双文丘管			孔板阀
				公称直径（mm）				
				＞600	≤500	≤2000	≤4000	
名称			单位	消耗量				
人工	000203000	综合二类工	工日	2.282	1.401	2.012	2.432	1.147
材料	022703006	细白布 宽 900	m	0.200	0.150	0.200	0.300	0.200
	143505004	清洗液 500mL	瓶	0.400	0.300	0.400	0.400	0.300
	341304005	位号牌	个	1.000	1.000	1.000	1.000	1.000
	850103006	其他材料费（占材料费）	%	5.000	5.000	5.000	5.000	5.000
机械	990401030	载重汽车 8t	台班	0.030	0.050	0.100	0.150	0.150
	990304016	汽车式起重机 16t	台班	0.030	—	—	—	—
	873174013	铭牌打印机	台班	0.012	0.012	0.012	0.012	0.012
	990304024	汽车式起重机 25t	台班	—	0.040	0.100	0.150	0.150

四、物位检测仪表安装

工作内容： 设备清理、设备本体及接头安装、表计固定、校接线、单体试验、挂牌、配合单体试运转、放射性仪表安全保护。

计量单位：台

编号				6-1-110	6-1-111	6-1-112	6-1-113	6-1-114
项目				射频导纳液位计/物位开关	电容式物位计/物位开关	电阻式物位计/信号器	超声波物位计/物位开关	放射性物位计
名称			单位	消耗量				
人工	000203000	综合二类工	工日	0.947	0.794	0.737	1.578	6.582
材料	860150007	取源部件	套	（1.000）	（1.000）	—	—	—
	181625019	仪表接头	套	—	（1.000）	—	—	—
	022703006	细白布 宽 900	m	0.100	0.100	0.100	0.100	0.200
	341304005	位号牌	个	1.000	1.000	1.000	1.000	3.000
	284309003	接地线 5.5～16mm^2	m	1.000	1.000	—	1.000	1.000
	341301001	警告牌	个	—	—	—	—	1.000
	143505004	清洗液 500mL	瓶	0.100	—	—	—	—
	280301003	铜芯塑料绝缘电线 BV-1.5mm^2	m	1.000	—	—	—	—
	850103006	其他材料费（占材料费）	%	5.000	5.000	5.000	5.000	5.000
机械	990401015	载重汽车 4t	台班	0.050	0.010	0.010	0.010	0.100
	871640025	多功能校验仪	台班	0.107	0.108	—	0.158	0.527
	870613013	兆欧表	台班	0.030	0.030	—	0.030	0.030
	873174013	铭牌打印机	台班	0.012	0.012	0.012	0.012	0.036
	870699160	多功能信号校验仪	台班	—	—	0.088	—	—
	870613023	手持式万用表	台班	0.067	0.124	0.100	0.181	0.603
	873150102	对讲机（一对）	台班	0.067	0.093	0.075	0.136	0.452

工作内容：设备清理、设备本体及接头安装、表计固定、校接线、单体试验、挂牌、配合单体试运转、放射性仪表安全保护。

计量单位：台

编号				6-1-115	6-1-116	6-1-117	6-1-118
项目				直读玻璃管（板）液位计			
				长度（mm以内）			
				500	1100	1700	1700以上
名称			单位	消耗量			
人工	000203000	综合二类工	工日	0.507	0.749	0.816	0.948
材料	143505004	清洗液 500mL	瓶	0.100	0.200	0.200	0.200
	022703006	细白布 宽900	m	0.200	0.300	0.300	0.300
	143303001	酒精	kg	0.100	0.100	0.100	0.100
	341304005	位号牌	个	1.000	1.000	1.000	1.000
	850103006	其他材料费（占材料费）	%	5.000	5.000	5.000	5.000
机械	990401015	载重汽车 4t	台班	0.010	0.010	0.015	0.020
	873174013	铭牌打印机	台班	0.012	0.012	0.012	0.012

工作内容：设备清理、设备本体及接头安装、表计固定、校接线、单体试验、挂牌、配合单体试运转、放射性仪表安全保护。

计量单位：台

编号				6-1-119	6-1-120	6-1-121	6-1-122	6-1-123	6-1-124
项目				磁翻板浮子液位计现场就地安装					
				测量范围（m以内）					
				1	3	6	10	16	每增1m
名称			单位	消耗量					
人工	000203000	综合二类工	工日	1.099	1.519	2.011	2.431	3.296	0.117
材料	143505004	清洗液 500mL	瓶	0.200	0.200	0.300	0.400	0.500	0.030
	022703006	细白布 宽900	m	0.200	0.200	0.300	0.300	0.300	0.020
	143303001	酒精	kg	0.100	0.200	0.300	0.350	0.400	—
	341304005	位号牌	个	1.000	1.000	1.000	1.000	1.000	—
	284309003	接地线 5.5～16mm^2	m	1.000	1.000	1.000	1.000	1.000	—
	850103006	其他材料费（占材料费）	%	5.000	5.000	5.000	5.000	5.000	5.000
机械	990401015	载重汽车 4t	台班	0.015	0.020	0.060	0.080	0.100	0.005
	873174013	铭牌打印机	台班	0.012	0.012	0.012	0.012	0.012	—
	990304024	汽车式起重机 25t	台班	—	—	—	0.100	0.150	—

工作内容： 设备清理、设备本体及接头安装、表计固定、校接线、单体试验、挂牌、配合单体试运转、放射性仪表安全保护。

计量单位： 台

编号				6-1-125	6-1-126	6-1-127
项目				远传变送器	浮标（子）液位计	浮球液位控制器/液位开关
名称			单位	消耗量		
人工	000203000	综合二类工	工日	0.981	1.298	0.549
材料	143505004	清洗液 500mL	瓶	0.100	0.200	0.100
	022703006	细白布 宽 900	m	0.100	0.200	0.100
	341304005	位号牌	个	1.000	1.000	1.000
	284309003	接地线 5.5～16mm^2	m	—	1.000	1.000
	850103006	其他材料费（占材料费）	%	5.000	5.000	5.000
机械	873112061	精密交直流稳压电源	台班	—	—	0.020
	870622055	接地电阻测试仪	台班	—	—	0.050
	990401015	载重汽车 4t	台班	0.010	—	—
	873174013	铭牌打印机	台班	0.012	0.012	0.012
	870699160	多功能信号校验仪	台班	0.243	0.058	0.039
	870613023	手持式万用表	台班	0.347	—	0.065
	873150102	对讲机（一对）	台班	0.139	0.058	0.039

工作内容： 设备清理、设备本体及接头安装、表计固定、校接线、单体试验、挂牌、配合单体试运转、放射性仪表安全保护。 **计量单位：** 台

编号				6-1-128	6-1-129	6-1-130	6-1-131
项目				光电式液位开关	音叉物位开关	雷达液位计	
						带导波管	不带导波管
名称			单位	消耗量			
人工	000203000	综合二类工	工日	0.794	0.678	3.961	3.003
材料	143505004	清洗液 500mL	瓶	0.200	0.100	0.200	0.200
	022703006	细白布 宽 900	m	0.200	0.100	0.250	0.250
	280301003	铜芯塑料绝缘电线 BV-1.5mm^2	m	—	—	1.000	1.000
	284309003	接地线 5.5～16mm^2	m	1.000	1.000	1.000	1.000
	341304005	位号牌	个	1.000	1.000	1.000	1.000
	850103006	其他材料费（占材料费）	%	5.000	5.000	5.000	5.000
机械	873114001	数字电压表	台班	—	0.038	—	—
	990401015	载重汽车 4t	台班	—	—	0.080	0.060
	873174013	铭牌打印机	台班	0.012	0.012	0.012	0.012
	871640025	多功能校验仪	台班	0.070	—	0.321	0.302
	870613023	手持式万用表	台班	0.099	0.096	0.458	0.431
	873174001	编程器	台班	—	—	0.321	0.302
	870622055	接地电阻测试仪	台班	—	—	0.050	0.050
	870613013	兆欧表	台班	—	0.030	0.030	0.030
	873150102	对讲机（一对）	台班	0.060	0.058	0.275	0.259
	870699160	多功能信号校验仪	台班	—	0.046	—	—

工作内容： 设备清理、设备本体及接头安装、表计固定、校接线、单体试验、挂牌、配合单体试运转、放射性仪表安全保护。

计量单位：台

编号				6-1-132	6-1-133	6-1-134
项目				钢带液位计		
				现场指示积算	电变送远传	光电变送远传
名称			单位	消耗量		
人工	000203000	综合二类工	工日	4.956	6.123	6.206
材料	170100002	钢管（综合）	m	（20.000）	（20.000）	（20.000）
	143505004	清洗液 500mL	瓶	0.400	0.400	0.400
	022703006	细白布 宽 900	m	0.200	0.200	0.200
	280301003	铜芯塑料绝缘电线 BV-1.5mm^2	m	—	1.000	1.000
	284309003	接地线 5.5～16mm^2	m	1.000	1.000	1.000
	341304005	位号牌	个	2.000	2.000	2.000
	182513009	镀锌钢管卡子 *DN*100	个	5.000	5.000	5.000
	850103006	其他材料费（占材料费）	%	5.000	5.000	5.000
机械	990401015	载重汽车 4t	台班	0.100	0.100	0.100
	873174013	铭牌打印机	台班	0.024	0.024	0.024
	871640025	多功能校验仪	台班	—	—	0.442
	870613023	手持式万用表	台班	0.140	0.591	0.632
	870622055	接地电阻测试仪	台班	0.050	0.050	0.050
	870613013	兆欧表	台班	0.030	0.030	0.030
	873150102	对讲机（一对）	台班	—	0.355	0.379
	870699160	多功能信号校验仪	台班	—	0.414	—

工作内容：设备清理、设备本体及接头安装、表计固定、校接线、单体试验、挂牌、配合单体试运转、放射性仪表安全保护。 **计量单位：**台

编号				6-1-135	6-1-136	6-1-137	6-1-138
项目				浮筒液位计			多功能储罐液位计
				现场指示		浮筒液位变送器	
				外浮筒	内浮筒		
名称			单位	消耗量			
人工	000203000	综合二类工	工日	1.637	0.935	0.818	4.991
材料	143505004	清洗液 500mL	瓶	0.200	0.100	0.100	0.200
	022703006	细白布 宽 900	m	0.100	0.050	0.050	0.200
	341304005	位号牌	个	1.000	1.000	—	1.000
	280301003	铜芯塑料绝缘电线 BV-1.5mm^2	m	—	—	1.000	1.000
	284309003	接地线 5.5～16mm^2	m	—	—	—	1.000
	850103006	其他材料费（占材料费）	%	5.000	5.000	5.000	5.000
机械	990401015	载重汽车 4t	台班	0.080	0.080	0.010	0.150
	873174013	铭牌打印机	台班	0.012	0.012	—	0.012
	870699160	多功能信号校验仪	台班	—	—	0.133	—
	870613023	手持式万用表	台班	—	—	0.265	0.564
	873114001	数字电压表	台班	—	—	0.159	0.023
	873150102	对讲机（一对）	台班	—	—	0.159	0.339
	871640025	多功能校验仪	台班	—	—	—	0.395
	870613013	兆欧表	台班	—	—	—	0.030
	870622055	接地电阻测试仪	台班	—	—	—	0.050

工作内容：设备清理、设备本体及接头安装、表计固定、校接线、单体试验、挂牌、配合单体试运转、放射性仪表安全保护。

计量单位：台

编号				6-1-139	6-1-140	6-1-141	6-1-142
项目				阻旋式物位计料位开关	重锤探测物位计	贮罐液位称重仪	多功能磁致伸缩液位计
名称			单位	消耗量			
人工	000203000	综合二类工	工日	0.760	5.458	6.837	5.703
材料	170000002	管材	m	—	（18.000）	（20.700）	—
	181625019	仪表接头	套	—	—	（5.000）	—
	143505004	清洗液 500mL	瓶	0.100	0.300	0.300	0.200
	022703006	细白布 宽 900	m	0.050	0.200	0.300	0.200
	341304005	位号牌	个	1.000	1.000	1.000	1.000
	284309003	接地线 5.5～16mm^2	m	1.000	1.000	1.000	1.000
	021301001	尼龙扎带（综合）	根	—	—	10.000	—
	280301003	铜芯塑料绝缘电线 BV-1.5mm^2	m	—	—	1.000	1.000
	850103006	其他材料费（占材料费）	%	5.000	5.000	5.000	5.000
机械	990401015	载重汽车 4t	台班	0.010	0.150	0.200	0.150
	873174013	铭牌打印机	台班	0.012	0.012	0.012	0.012
	870699160	多功能信号校验仪	台班	0.076	—	—	—
	870613023	手持式万用表	台班	0.126	0.820	0.475	0.329
	870613013	兆欧表	台班	0.030	0.030	0.030	0.030
	873150102	对讲机（一对）	台班	0.076	0.492	0.475	0.329
	871640025	多功能校验仪	台班	—	0.574	0.763	0.529
	873114001	数字电压表	台班	—	0.033	—	—

工作内容： 设备清理、设备本体及接头安装、表计固定、校接线、单体试验、挂牌、配合单体试运转、放射性仪表安全保护。 **计量单位：** 台

编　号				6-1-143	6-1-144	6-1-145	6-1-146
项　目				伺服式物位计	电接触式液位计（电极）		光导电子液位计
					10 只以内	10 只以上	
名　称			单位	消　耗　量			
人工	000203000	综合二类工	工日	4.733	1.660	2.804	4.254
材料	022703006	细白布 宽 900	m	0.300	0.050	0.100	0.100
	143505004	清洗液 500mL	瓶	0.400	0.200	0.400	0.100
	280301003	铜芯塑料绝缘电线 BV-1.5mm²	m	1.000	1.000	1.000	1.000
	284309003	接地线 5.5～16mm²	m	1.000	1.000	1.000	1.000
	341304005	位号牌	个	2.000	1.000	1.000	1.000
	143303001	酒精	kg	—	0.100	0.400	—
	272503001	绝缘钢纸板 0.5	kg	—	0.150	0.150	—
	850103006	其他材料费（占材料费）	%	5.000	5.000	5.000	5.000
机械	990401015	载重汽车 4t	台班	0.150	—	—	0.150
	873174013	铭牌打印机	台班	0.024	0.012	0.012	0.012
	871640025	多功能校验仪	台班	0.429	—	—	0.315
	870613023	手持式万用表	台班	0.267	0.141	0.262	0.196
	870613013	兆欧表	台班	0.030	0.030	0.030	0.030
	873150102	对讲机（一对）	台班	0.267	0.088	0.150	0.196

工作内容：设备清理、设备本体及接头安装、表计固定、校接线、单体试验、挂牌、配合单体试运转、放射性仪表安全保护。

计量单位：台

编号				6-1-147	6-1-148	6-1-149	6-1-150	6-1-151	6-1-152
项目				差压开关	吹气装置	插入式安装液位变送器	单法兰变送器	双法兰变送器	无线液位变送器
名称			单位	消耗量					
人工	000203000	综合二类工	工日	0.689	0.654	1.729	1.846	2.571	2.641
材料	860150007	取源部件	套	（1.000）	（1.000）	—	—	—	—
	181625019	仪表接头	套	（2.000）	（4.000）	（1.000）	—	—	（1.000）
	022703006	细白布 宽 900	m	0.100	0.050	0.070	0.070	0.100	—
	341304005	位号牌	个	1.000	1.000	1.000	1.000	1.000	1.000
	340203007	聚四氟乙烯生料带（综合）	m	—	0.840	—	—	—	—
	143505004	清洗液 500mL	瓶	—	—	—	—	0.200	—
	021301001	尼龙扎带（综合）	根	—	—	—	—	5.000	—
	850103006	其他材料费（占材料费）	%	5.000	5.000	5.000	5.000	5.000	5.000
机械	871640025	多功能校验仪	台班	—	—	0.358	0.360	0.374	0.453
	870113063	智能数字压力校验仪	台班	—	—	0.204	0.206	0.214	—
	873112061	精密交直流稳压电源	台班	—	—	0.139	0.139	0.139	—
	870134001	电动综合校验台	台班	—	—	0.139	0.139	0.139	—
	870199011	笔记本电脑	台班	—	—	—	—	—	0.286
	873174013	铭牌打印机	台班	0.012	0.012	0.012	0.012	0.012	0.012
	870699160	多功能信号校验仪	台班	0.037	—	—	—	—	—
	870113025	便携式电动泵压力校验仪	台班	0.045	—	0.204	0.206	0.214	—
	870613023	手持式万用表	台班	0.090	—	0.307	0.308	0.321	—
	870113059	标准差压发生器 PASHEN	台班	0.028	—	—	—	—	—
	873150102	对讲机（一对）	台班	0.068	—	0.204	0.206	0.214	0.259

五、显示记录仪表安装

工作内容：安装、检查、校接线、单体试验、配合试单体试运转。 **计量单位**：台

编号				6-1-153	6-1-154	6-1-155
项目				数字显示仪表		
				单点数显仪	数显调节仪	多屏幕数显仪
		名称	单位	消耗量		
人工	000203000	综合二类工	工日	0.791	0.900	1.099
材料	280301003	铜芯塑料绝缘电线 BV-1.5mm^2	m	0.500	0.500	0.500
	020907001	清洁布 250×250	块	0.200	0.300	0.600
	850103006	其他材料费（占材料费）	%	5.000	5.000	5.000
机械	870134001	电动综合校验台	台班	0.071	0.078	0.096
	873112061	精密交直流稳压电源	台班	0.071	0.078	0.096
	871640025	多功能校验仪	台班	0.436	0.500	0.603
	870613023	手持式万用表	台班	0.508	0.584	0.703
	873114001	数字电压表	台班	0.264	0.303	0.365
	873150102	对讲机（一对）	台班	0.086	0.094	0.115

工作内容：安装、检查、校接线、单体试验、配合试单体试运转。 **计量单位**：台

编号				6-1-156
项目				多功能、多通道、多笔记录仪
		名称	单位	消耗量
人工	000203000	综合二类工	工日	1.531
材料	020907001	清洁布 250×250	块	0.400
	850103006	其他材料费（占材料费）	%	5.000
	143303001	酒精	kg	0.300
	280301003	铜芯塑料绝缘电线 BV-1.5mm^2	m	1.000
机械	870134001	电动综合校验台	台班	0.138
	873112061	精密交直流稳压电源	台班	0.138
	871640025	多功能校验仪	台班	0.849
	870613023	手持式万用表	台班	0.991
	873114001	数字电压表	台班	0.515
	873150102	对讲机（一对）	台班	0.166

工作内容：安装、检查、校接线、单体试验、配合试单体试运转。 **计量单位：**台

编号				6-1-157	6-1-158
项目				X～Y 函数记录仪	多通道无纸记录仪
名称			单位	消耗量	
人工	000203000	综合二类工	工日	1.239	1.168
材料	020907001	清洁布 250×250	块	0.400	0.400
	850103006	其他材料费（占材料费）	%	5.000	5.000
机械	870134001	电动综合校验台	台班	0.114	0.105
	873112061	精密交直流稳压电源	台班	0.114	0.105
	871640025	多功能校验仪	台班	0.678	0.637
	870613023	手持式万用表	台班	0.790	0.743
	873114001	数字电压表	台班	0.411	0.386
	873150102	对讲机（一对）	台班	0.137	0.126

工作内容：安装、检查、校接线、单体试验、配合试单体试运转。 **计量单位：**台

编号				6-1-159	6-1-160	6-1-161	6-1-162	6-1-163
项目				电位差计/平衡电桥（指示、记录、报警）				
				单点	多点	带电动PID调节器	带顺序控制器	带模数转换装置
名称			单位	消耗量				
人工	000203000	综合二类工	工日	1.028	1.304	1.379	1.379	1.309
材料	143303001	酒精	kg	0.100	0.100	0.150	0.300	0.100
	020907001	清洁布 250×250	块	0.200	0.300	0.400	0.400	0.400
	850103006	其他材料费（占材料费）	%	5.000	5.000	5.000	5.000	5.000
机械	870134001	电动综合校验台	台班	0.078	0.101	0.108	0.108	0.099
	873112061	精密交直流稳压电源	台班	0.078	0.101	0.108	0.108	0.099
	870622105	精密标准电阻箱	台班	0.052	0.068	0.072	0.072	—
	870699160	多功能信号校验仪	台班	0.189	0.245	0.261	0.261	0.240
	870613023	手持式万用表	台班	0.221	0.286	0.304	0.304	0.280
	873114001	数字电压表	台班	0.063	0.082	0.087	0.087	0.080
	873150102	对讲机（一对）	台班	0.189	0.245	0.261	0.261	0.240

工作内容：安装、检查、校接线、单体试验、配合试单体试运转。　　　　**计量单位：**台

编号				6-1-164	6-1-165	6-1-166	6-1-167	6-1-168
项目				电单双针指示仪	电单双针记录仪	电单双针报警仪	电多点指示记录仪	电积算器
名称			单位	消耗量				
人工	000203000	综合二类工	工日	0.608	0.718	0.729	1.052	0.724
材料	022703006	细白布　宽 900	m	0.050	0.050	0.050	0.050	0.050
	850103006	其他材料费（占材料费）	%	5.000	5.000	5.000	5.000	5.000
机械	873112061	精密交直流稳压电源	台班	0.053	0.056	0.067	0.088	0.066
	870699160	多功能信号校验仪	台班	0.089	0.096	0.113	0.150	0.111
	870613023	手持式万用表	台班	0.075	0.080	0.094	0.125	0.093
	870134001	电动综合校验台	台班	0.040	0.042	0.050	0.066	0.050
	873150102	对讲机（一对）	台班	0.045	0.048	0.056	0.075	0.056
	873136001	数字频率计	台班	—	—	—	—	0.050

六、气动记录仪表安装

工作内容：清理、检查、记录、接线、安装、接头安装、单体试验、配合单机运转。　　　　**计量单位：**台

编号				6-1-169	6-1-170	6-1-171	6-1-172	6-1-173
项目				气动积算器	气动指示记录仪	气动色带、条形指示仪	气动报警器	气动多针指示仪
名称			单位	消耗量				
人工	000203000	综合二类工	工日	0.871	0.941	0.848	0.799	0.946
材料	181625019	仪表接头	套	（2.000）	（2.000）	（2.000）	（2.000）	（4.000）
	860125002	显示记录仪表	台	（1.000）	（1.000）	（1.000）	（1.000）	（1.000）
	020907001	清洁布　250×250	块	0.300	0.300	0.300	0.300	0.300
	340203009	聚四氟乙烯生料带　宽 40	m	0.150	0.150	0.150	0.150	0.250
	850103002	校验材料费	元	1.160	1.670	1.160	0.900	1.160
	850103005	其他材料费	元	0.100	0.130	0.100	0.090	0.110
机械	991003020	电动空气压缩机　0.6m^3/min	台班	0.080	0.111	0.075	0.066	0.076
	870131001	气动综合校验台	台班	0.070	0.101	0.066	0.057	0.066
	870134001	电动综合校验台	台班	0.053	0.076	0.050	0.043	0.050
	870113001	数字压力表	台班	0.120	0.167	0.113	0.099	0.114
	873150102	对讲机（一对）	台班	0.100	0.139	0.094	0.082	0.095

第二章

过程控制仪表

说 明

一、本章内容包括调节仪表、转换仪表、辅助仪表、基地式调节仪表、执行仪表、仪表回路模拟试验、气动计算、给定仪表。

1. 调节仪表、转换仪表、辅助仪表包括安装、试验。

2. 执行仪表包括：气动、电动、液动执行机构、气动活塞式调节阀、气动薄膜调节阀、电动调节阀、电磁阀、伺服放大器、直接作用调节阀及执行仪表附件。微型调节阀指*DN*15 以下采用螺纹连接的用于精细工程，包括本体安装和试验。

3. 仪表回路模拟试验包括：检测回路、调节回路、无线信号传输回路。

二、本章包括以下工作内容：

1. 领料、搬运、准备、单体调试、安装、固定、上接头、校接线、配合单机试运转、挂位号牌、安装试验记录。

2. 配合在管道上安装调节阀、在线电磁阀、自力式阀。

3. 配合安装液动执行机构月牙板、连杆组件、油泵油盘制作安装、油泵电机检查、充油循环。液压伺服控制模块试验。

4. 调节阀试验器具的准备、阀体强度试验、阀芯泄漏性、活塞或膜头气密性、严密度检查试验、满行程、变差、线性、误差、灵敏限试验。

5. 仪表回路模拟试验：电气线路检查、绝缘电阻测定、导压管路和气源管路检查、系统静态模拟试验、排错以及回路中需要再次进行仪表试验等工作。无线信号传输回路，包括信号、接收和发送试验、测试信号抗干扰性、数据包丢失检查测试等。

6. 仪表单体和回路试验，校验仪器的准备、搬运，气源、电源的准备和接线、接管。

7. 防爆阀门箱包括检查、接线、接管、螺栓固定、接地、密封等。

三、本章不包括以下工作内容：

1. 仪表支架、支座、台座制作安装。

2. 工业管道或设备上仪表用法兰焊接、插座焊接及开孔等。

3. 调节阀、在线电磁阀安装及短管装拆、调节阀研磨。

4. 液动执行机构设备解体、清洗、油泵检查、电机干燥、油泵用油量。

5. 执行机构所配置的风门、挡板或阀的安装。

四、相关说明：

1. 在工业管道上安装的调节阀，应执行第八册《工业管道安装工程》相应项目，本章所列调节阀项目属于配合安装；气路控制电磁阀的安装，应执行本册相应项目。仪表用法兰的焊接和安装，应执行第八册《工业管道安装工程》相应项目。

2. 仪表回路模拟试验项目，不适用于计算机系统的回路调试和成套装置的系统调试。回路调试应区分检测回路、调节回路和手动调节回路，应执行本章相应项目。联锁回路和报警回路，应执行本册相应项目。

3. 系统调试项目中，调节系统是具有负反馈的闭环回路。简单调节回路是指单参数、一个调节器、一个检测元件或变送器组成的基本控制系统；复杂回路是指两个以上的多回路调节或多参数调节，双回路由两个回路组成的调节回路。

工程量计算规则

一、过程控制仪表应区分调节仪表、转换与辅助仪表、基地式调节仪表、执行仪表，均按设计图示数量，分别以“台”“台（只）”为计量单位。

二、仪表回路模拟试验应区分检测回路、调节回路，分别以“套”为计量单位。

三、电动和气动调节阀按成套安装调试，包括执行机构与阀、手轮或所带的成套附件，不得另行计算。但与其配套的阀门定位器、趋近开关、限位开关有调试内容的应另行计算，没有成套供应需要另外配置的电磁阀等附件应另行计算安装调试费用。

四、执行机构如组成不同的控制方式，需另外配置附件时，其附件安装调试应另行计算。

五、阀门的检查接线项目适用于蝶阀、开关阀、切断阀、偏心旋转阀、多通电磁阀等在工业管道上已安装好的调节阀门。项目工作内容仅包括现场调整或试验、检查、接线、接管和接地等。

一、调节仪表安装

工作内容：设备清理、检查、表计固定、校接线、单体试验、配合单机试运转。　　　　**计量单位：**台

编　号				6-2-1	6-2-2	6-2-3	6-2-4
项　目				指示调节器	特殊功能调节器	多通道阀位跟踪调节器	SPC/DDC后备调节器
		名　称	单位	消　耗　量			
人工	000203000	综合二类工	工日	3.369	4.233	4.480	5.083
材料	020907001	清洁布 250×250	块	0.200	0.400	0.400	0.400
	850103006	其他材料费（占材料费）	%	5.000	5.000	5.000	5.000
机械	873112061	精密交直流稳压电源	台班	0.392	0.507	0.530	0.615
	871640025	多功能校验仪	台班	1.069	1.382	1.446	1.676
	870613023	手持式万用表	台班	0.653	0.845	0.884	1.026
	870134001	电动综合校验台	台班	0.131	0.169	0.177	0.205
	873114001	数字电压表	台班	0.392	0.507	0.530	0.615
	870622105	精密标准电阻箱	台班	0.131	0.169	0.177	0.205
	870199019	数字毫秒表	台班	0.131	0.169	0.177	0.205
	873150102	对讲机（一对）	台班	0.560	0.724	0.757	0.878

二、转换与辅助仪表安装

1. 转 换 仪 表

工作内容：设备清理、检查、表计固定、校接线、单体试验。　　　　**计量单位：**台

编　号				6-2-5	6-2-6	6-2-7	6-2-8
项　目				电流信号转换器	脉冲/电压转换器	频率/电流转换器	阻抗转换器
		名　称	单位	消　耗　量			
人工	000203000	综合二类工	工日	0.199	0.246	0.246	0.222
机械	873112061	精密交直流稳压电源	台班	0.026	0.035	0.035	0.031
	870699160	多功能信号校验仪	台班	0.050	0.066	0.066	0.058
	870613023	手持式万用表	台班	0.029	0.038	0.038	0.033
	870622105	精密标准电阻箱	台班	0.013	0.018	—	0.015
	870134001	电动综合校验台	台班	0.020	0.026	0.026	0.023

工作内容：设备清理、检查、表计固定、校接线、单体试验。 计量单位：台

编号				6-2-9	6-2-10	6-2-11	6-2-12
项目				函数转换器	电/气转换器	气/电转换器	光/电转换器
名称			单位	消耗量			
人工	000203000	综合二类工	工日	0.222	0.297	0.297	0.246
材料	181625019	仪表接头	套	—	（2.000）	（2.000）	—
	850103006	其他材料费（占材料费）	%	—	5.000	5.000	—
机械	873112061	精密交直流稳压电源	台班	0.023	0.027	0.027	0.023
	870699160	多功能信号校验仪	台班	0.054	0.064	0.064	0.055
	870613023	手持式万用表	台班	0.042	0.049	0.049	0.042
	870134001	电动综合校验台	台班	0.031	—	0.036	0.031
	991003020	电动空气压缩机 0.6m^3/min	台班	—	0.016	0.016	—
	870131001	气动综合校验台	台班	—	0.036	—	—
	871119029	高稳定度光源	台班	—	—	—	0.039

2. 辅助仪表

工作内容：设备清理、检查、表计固定、校接线、单体试验。 计量单位：台

编号				6-2-13	6-2-14	6-2-15	6-2-16
项目				D 型操作器	安全栅	配电器	电源箱
名称			单位	消耗量			
人工	000203000	综合二类工	工日	0.246	0.059	0.864	0.959
机械	873112061	精密交直流稳压电源	台班	0.017	0.003	0.053	—
	870699160	多功能信号校验仪	台班	0.039	0.008	—	—
	870613023	手持式万用表	台班	0.028	0.006	0.088	0.099
	873150102	对讲机（一对）	台班	0.022	—	—	—
	873114001	数字电压表	台班	—	0.003	0.053	0.059
	870622105	精密标准电阻箱	台班	—	—	0.035	—
	870134001	电动综合校验台	台班	—	—	0.035	0.040

工作内容：设备清理、检查、表计固定、校接线、单体试验。　　**计量单位：**台

编号				6-2-17	6-2-18	6-2-19	6-2-20	6-2-21
项目				DDC操作器	大流量过滤器减压阀	过滤器减压阀	气动压力开关	气动电开关
		名称	单位	消耗量				
人工	000203000	综合二类工	工日	0.584	0.093	0.082	0.152	0.163
材料	181625019	仪表接头	套	—	（2.000）	（2.000）	（3.000）	（2.000）
	340203007	聚四氟乙烯生料带（综合）	m	—	0.150	0.150	0.200	0.150
	203500001	垫片	个	—	—	—	1.000	—
	850103006	其他材料费（占材料费）	%	5.000	5.000	5.000	5.000	5.000
机械	873112061	精密交直流稳压电源	台班	0.056	—	—	—	—
	870699160	多功能信号校验仪	台班	0.131	—	—	—	—
	873114001	数字电压表	台班	0.056	—	—	—	—
	870613023	手持式万用表	台班	0.094	—	—	—	—
	870134001	电动综合校验台	台班	0.037	—	—	—	—
	873150102	对讲机（一对）	台班	0.075	—	—	0.015	0.015
	991003020	电动空气压缩机 0.6m^3/min	台班	—	0.010	0.009	0.051	0.052
	873174013	铭牌打印机	台班	—	0.012	—	—	—
	870131001	气动综合校验台	台班	—	0.004	0.004	0.031	0.031

三、基地式调节仪表安装

工作内容：检查、校接线、安装、单体试验、配合单体试运转。　　**计量单位：**台

编号				6-2-22	6-2-23	6-2-24	6-2-25	6-2-26
项目				简易式调节器	PID调节器	时间比例调节器	配比调节器	程序控制调节器
		名称	单位	消耗量				
人工	000203000	综合二类工	工日	1.332	1.893	1.531	1.800	1.613
材料	022703006	细白布 宽 900	m	0.070	0.070	0.070	0.070	0.070
	341304005	位号牌	个	1.000	1.000	1.000	1.000	1.000
	850103006	其他材料费（占材料费）	%	5.000	5.000	5.000	5.000	5.000
机械	873174013	铭牌打印机	台班	0.012	0.012	0.012	0.012	0.012
	873112061	精密交直流稳压电源	台班	0.130	0.250	0.166	0.221	0.173
	870134001	电动综合校验台	台班	0.162	0.312	0.207	0.276	0.216
	870699160	多功能信号校验仪	台班	0.162	0.312	0.207	0.276	0.216
	870613023	手持式万用表	台班	0.089	0.172	0.114	0.152	0.119

四、执行仪表安装

1. 执 行 机 构

工作内容： 检查、校接线、单元检查、功能试验、配合安装、单体试验、配合单体试运转。 **计量单位：** 台

编　　号				6-2-27	6-2-28	6-2-29	6-2-30
项　　目				电信号气动长行程执行机构	气动长行程执行机构	气动活塞式执行机构	气动薄膜执行机构
名　　称			单位	消　耗　量			
人工	000203000	综合二类工	工日	2.267	2.243	2.033	1.682
材料	181625019	仪表接头	套	（2.000）	（2.000）	（2.000）	（3.000）
	022703006	细白布 宽 900	m	0.100	0.100	0.100	0.100
	143505004	清洗液 500mL	瓶	0.150	0.150	0.150	0.100
	340203007	聚四氟乙烯生料带（综合）	m	0.150	0.150	0.150	0.150
	341304005	位号牌	个	1.000	1.000	1.000	1.000
	850103006	其他材料费（占材料费）	%	5.000	5.000	5.000	5.000
机械	991003020	电动空气压缩机 0.6m³/min	台班	0.072	0.067	0.061	0.047
	990401030	载重汽车 8t	台班	0.057	0.054	0.048	0.038
	873174013	铭牌打印机	台班	0.012	0.012	0.012	0.012
	870113025	便携式电动泵压力校验仪	台班	0.115	0.126	0.115	0.104
	870699160	多功能信号校验仪	台班	0.125	—	—	—
	870613023	手持式万用表	台班	0.141	—	—	—
	873150102	对讲机（一对）	台班	0.115	0.126	0.115	0.104

工作内容：检查、校接线、单元检查、功能试验、配合安装、单体试验、配合单体试运转。　**计量单位：**台

编号				6-2-31	6-2-32	6-2-33	6-2-34
项目				电动直行程执行机构	电动角行程执行机构		液动执行机构
					25N·m 以内	25N·m 以上	直柄式
		名称	单位	消耗量			
人工	000203000	综合二类工	工日	2.151	2.594	2.944	2.804
材料	292103002	连杆组件	套	（1.000）	（1.000）	（1.000）	（1.000）
	181625019	仪表接头	套	—	—	—	（2.000）
	022703006	细白布 宽 900	m	0.100	0.050	0.050	0.200
	143505004	清洗液 500mL	瓶	0.200	0.100	0.100	0.300
	341304005	位号牌	个	1.000	1.000	1.000	1.000
	850103006	其他材料费（占材料费）	%	5.000	5.000	5.000	5.000
机械	990401030	载重汽车 8t	台班	0.046	—	—	—
	873174013	铭牌打印机	台班	0.012	0.012	0.012	0.012
	870699160	多功能信号校验仪	台班	0.150	0.205	0.209	0.225
	870613023	手持式万用表	台班	0.176	0.308	0.314	0.338
	873150102	对讲机（一对）	台班	0.144	0.336	0.262	0.282
	870613013	兆欧表	台班	—	0.030	0.030	—
	990401045	载重汽车 15t	台班	—	—	—	0.300

工作内容：检查、校接线、单元检查、功能试验、配合安装、单体试验、配合单体试运转。　**计量单位：**台

编号				6-2-35	6-2-36	6-2-37
项目				液动执行机构		液压伺服模块
				双侧直柄式	曲柄式	
		名称	单位	消耗量		
人工	000203000	综合二类工	工日	3.132	3.156	0.316
材料	181625019	仪表接头	套	（4.000）	（2.000）	—
	292103002	连杆组件	套	（2.000）	（1.000）	—
	022703006	细白布 宽 900	m	0.300	0.300	—
	143505004	清洗液 500mL	瓶	1.000	0.700	—
	341304005	位号牌	个	1.000	1.000	—
	850103006	其他材料费（占材料费）	%	5.000	5.000	—
机械	990401045	载重汽车 15t	台班	0.300	0.300	—
	873174013	铭牌打印机	台班	0.012	0.012	—
	870699160	多功能信号校验仪	台班	0.229	0.229	0.063
	870613023	手持式万用表	台班	0.343	0.344	0.094
	873150102	对讲机（一对）	台班	0.286	0.287	0.079

2. 调 节 阀

工作内容：检查、校接线或接管、配合安装、调整试验、接地、配合单体试运转。 **计量单位：**台

编 号				6-2-38	6-2-39	6-2-40	6-2-41	6-2-42	6-2-43
项 目				气动活塞式调节阀	气动薄膜调节阀	电动调节阀	微型调节阀	在线电磁阀	伺服放大器
名 称			单位	消 耗 量					
人工	000203000	综合二类工	工日	2.031	1.914	1.823	0.393	1.248	0.409
材料	181625019	仪表接头	套	（2.000）	（1.000）	—	（2.000）	—	—
	022703006	细白布 宽 900	m	0.050	0.060	0.060	0.060	0.050	—
	143505004	清洗液 500mL	瓶	0.150	0.050	0.050	0.020	0.050	—
	340203007	聚四氟乙烯生料带（综合）	m	0.150	0.150	—	0.100	—	—
	341304005	位号牌	个	1.000	1.000	1.000	1.000	1.000	—
	284309003	接地线 5.5～16mm^2	m	—	—	1.000	—	1.000	—
	850103006	其他材料费（占材料费）	%	5.000	5.000	5.000	—	5.000	—
机械	873112061	精密交直流稳压电源	台班	—	—	—	—	0.036	0.030
	870613013	兆欧表	台班	—	—	—	—	0.030	—
	991003020	电动空气压缩机 0.6m^3/min	台班	0.252	0.232	—	—	—	—
	990304016	汽车式起重机 16t	台班	0.101	0.093	0.096	—	0.085	—
	990401030	载重汽车 8t	台班	0.101	0.093	0.096	—	0.085	—
	990813005	试压泵 2.5MPa	台班	0.252	0.232	0.240	—	—	—
	873174013	铭牌打印机	台班	0.012	0.012	0.012	0.012	0.012	—
	870131001	气动综合校验台	台班	0.120	0.117	—	—	—	—
	870199019	数字毫秒表	台班	0.080	0.078	0.066	—	—	—
	873150102	对讲机（一对）	台班	0.229	0.222	0.191	0.072	0.078	0.055
	870134001	电动综合校验台	台班	—	—	0.099	—	0.036	0.030
	870699160	多功能信号校验仪	台班	—	—	0.229	0.086	0.094	0.066
	870613023	手持式万用表	台班	—	—	0.229	0.086	0.094	0.066
	873114001	数字电压表	台班	—	—	0.114	—	0.047	—

工作内容：检查、校接线或接管、配合安装、调整试验、接地、配合单体试运转。　　　　**计量单位：**台

编　号				6-2-44	6-2-45	6-2-46	6-2-47	6-2-48
项　目				阀门检查接线				防爆阀门控制箱
				气动蝶阀	电动蝶阀	多通电动阀	多通电磁阀	
		名　称	单位	消　耗　量				
人工	000203000	综合二类工	工日	0.259	0.282	0.329	0.282	1.449
材料	181625019	仪表接头	套	（4.000）	—	—	—	（3.000）
	340203007	聚四氟乙烯生料带（综合）	m	0.150	—	—	—	—
	022703006	细白布 宽 900	m	0.070	—	—	—	0.100
	341304005	位号牌	个	1.000	1.000	1.000	1.000	1.000
	284309003	接地线 5.5～16mm²	m	—	1.000	1.000	1.000	1.500
	850103006	其他材料费（占材料费）	%	5.000	5.000	5.000	5.000	5.000
机械	990401015	载重汽车 4t	台班	—	—	—	—	0.006
	873174013	铭牌打印机	台班	0.012	0.012	0.012	0.012	0.012
	870113025	便携式电动泵压力校验仪	台班	0.056	—	—	—	—
	873150102	对讲机（一对）	台班	0.046	0.041	0.055	0.041	—
	870699160	多功能信号校验仪	台班	—	0.037	0.050	0.037	—
	870613023	手持式万用表	台班	—	0.068	0.092	0.068	0.107
	873114001	数字电压表	台班	—	0.027	0.037	0.027	—
	870622055	接地电阻测试仪	台班	—	0.050	0.050	0.050	0.050
	870613013	兆欧表	台班	—	—	0.030	0.030	0.030

3. 直接作用调节阀

工作内容：清理、检查、单体试验、配合安装。　　　　**计量单位：**台

编　号				6-2-49	6-2-50	6-2-51	6-2-52
项　目				自力式压力调节阀		自力式流量调节阀	自力式温度调节阀
				重锤式	带指挥器		
		名　称	单位	消　耗　量			
人工	000203000	综合二类工	工日	0.467	0.701	0.724	0.491
材料	181625019	仪表接头	套	（1.000）	（5.000）	（5.000）	（1.000）
	264199005	插座 带丝堵	套	—	—	—	（1.000）
	022703006	细白布 宽 900	m	0.050	0.050	0.050	0.060
	143505004	清洗液 500mL	瓶	0.100	0.100	0.100	0.200
	341304005	位号牌	个	1.000	1.000	1.000	1.000
	021301001	尼龙扎带（综合）	根	—	—	—	5.000
	850103006	其他材料费（占材料费）	%	5.000	5.000	5.000	5.000
机械	990401015	载重汽车 4t	台班	0.020	0.030	0.031	0.021
	873174013	铭牌打印机	台班	0.012	0.012	0.012	0.012

4. 执行仪表附件

工作内容：清理、检查、安装、校接线、调整试验。 **计量单位：**台（只）

编号				6-2-53	6-2-54	6-2-55	6-2-56
项目				电/气阀门定位器	气动阀门定位器	气控气阀	电控气阀
名称			单位	消耗量			
人工	000203000	综合二类工	工日	0.846	0.869	0.342	0.331
材料	181625019	仪表接头	套	（2.000）	（2.000）	（3.000）	（2.000）
	022703006	细白布 宽 900	m	0.070	0.070	0.050	0.050
	340203007	聚四氟乙烯生料带（综合）	m	0.200	0.200	0.200	0.200
	341304005	位号牌	个	1.000	1.000	—	—
	850103006	其他材料费（占材料费）	%	5.000	5.000	5.000	5.000
机械	991003020	电动空气压缩机 $0.6m^3/min$	台班	0.139	0.145	0.030	0.026
	873174013	铭牌打印机	台班	0.012	0.012	—	—
	870131001	气动综合校验台	台班	0.151	0.158	0.032	0.029
	871640025	多功能校验仪	台班	0.178	—	—	—
	870613023	手持式万用表	台班	0.162	—	—	0.031
	873150102	对讲机（一对）	台班	0.102	0.107	—	—
	870134001	电动综合校验台	台班	—	—	—	0.024

工作内容：清理、检查、安装、校接线、调整试验。 **计量单位：**台（只）

编号				6-2-57	6-2-58	6-2-59	6-2-60
项目				电磁换气阀	气路二位多通电磁阀	三断自锁装置	气动保位阀/安保器
名称			单位	消耗量			
人工	000203000	综合二类工	工日	0.307	0.384	0.352	0.338
材料	181625019	仪表接头	套	（2.000）	（4.000）	（4.000）	（2.000）
	022703006	细白布 宽 900	m	0.050	0.050	—	—
	340203007	聚四氟乙烯生料带（综合）	m	0.200	0.200	0.150	0.150
	093301001	真丝绸布 宽 900	m	—	—	0.020	0.020
	850103006	其他材料费（占材料费）	%	5.000	5.000	5.000	5.000
机械	991003020	电动空气压缩机 $0.6m^3/min$	台班	0.020	0.015	0.031	0.022
	870131001	气动综合校验台	台班	0.022	0.015	—	0.022
	870134001	电动综合校验台	台班	0.018	0.015	0.031	—
	870613023	手持式万用表	台班	0.023	0.025	0.043	—
	870699160	多功能信号校验仪	台班	—	—	0.054	0.039

工作内容：清理、检查、安装、校接线、调整试验。 **计量单位：**台（只）

编号				6-2-61	6-2-62	6-2-63	6-2-64
项目				阀位传送器	限位/微动开关	趋近开关	防爆微动开关
名称			单位	消耗量			
人工	000203000	综合二类工	工日	0.321	0.100	0.123	0.127
材料	181625019	仪表接头	套	（2.000）	—	—	—
	093301001	真丝绸布 宽 900	m	0.020	0.020	0.020	0.020
	850103006	其他材料费（占材料费）	%	5.000	5.000	5.000	5.000
机械	991003020	电动空气压缩机 0.6m³/min	台班	0.022	—	—	—
	870134001	电动综合校验台	台班	0.022	0.011	0.015	0.014
	870699160	多功能信号校验仪	台班	0.039	—	—	—
	870613023	手持式万用表	台班	0.032	0.015	0.021	0.020

5. 气源缓冲罐

工作内容：准备、清理、运输、检查、安装固定、接地、挂牌 **计量单位：**台

编号				6-2-65	6-2-66	6-2-67	6-2-68	6-2-69
项目				气源缓冲罐（t 以内）				
				0.2	0.5	1	1.5	2
名称			单位	消耗量				
人工	000203000	综合二类工	工日	3.008	3.469	4.158	4.501	4.968
材料	022703006	细白布 宽 900	m	0.100	0.100	0.200	0.200	0.200
	341304005	位号牌	个	1.000	1.000	1.000	1.000	1.000
	850103006	其他材料费（占材料费）	%	5.000	5.000	5.000	5.000	5.000
机械	991003050	电动空气压缩机 6m³/min	台班	0.521	0.584	0.668	0.710	0.794
	990401045	载重汽车 15t	台班	0.100	0.200	0.400	0.500	0.500
	990304016	汽车式起重机 16t	台班	0.100	0.200	0.400	0.500	0.500
	873174013	铭牌打印机	台班	0.012	0.012	0.012	0.012	0.012

五、仪表回路模拟试验

1. 检 测 回 路

工作内容： 管路线路检查，单元仪表检查、设定、排错、模拟试验。 **计量单位：** 套

编 号				6-2-70	6-2-71	6-2-72
项 目				温度检测回路	压力检测回路	流量检测回路
名 称			单位	消 耗 量		
人工	000303000	综合三类工	工日	0.369	0.493	0.619
机械	870113029	多功能压力校验仪	台班	—	0.051	—
	871640017	回路校验仪	台班	0.100	0.134	0.168
	870613023	手持式万用表	台班	0.100	0.134	0.168
	873114001	数字电压表	台班	0.100	0.134	0.168
	870622055	接地电阻测试仪	台班	0.050	0.050	0.050
	873150102	对讲机（一对）	台班	0.121	0.161	0.202
	870113025	便携式电动泵压力校验仪	台班	—	0.081	—
	870113001	数字压力表	台班	—	0.127	—

工作内容： 管路线路检查，单元仪表检查、设定、排错、模拟试验。 **计量单位：** 套

编 号				6-2-73	6-2-74
项 目				差压式流量/液位检测回路	物位检测回路
名 称			单位	消 耗 量	
人工	000303000	综合三类工	工日	0.714	0.896
机械	871640017	回路校验仪	台班	0.194	0.244
	870613023	手持式万用表	台班	0.194	0.244
	873114001	数字电压表	台班	0.194	0.244
	870622055	接地电阻测试仪	台班	0.050	0.050
	873150102	对讲机（一对）	台班	0.233	0.292
	870113025	便携式电动泵压力校验仪	台班	0.117	—
	870113059	标准差压发生器 PASHEN	台班	0.073	—
	870113001	数字压力表	台班	0.183	—

工作内容：管路线路检查，单元仪表检查、设定、排错、模拟试验。　　　　计量单位：套

编号				6-2-75	6-2-76	6-2-77	6-2-78
项目				多点检测回路（点以内）			
				4	6	10	20
名称			单位	消耗量			
人工	000303000	综合三类工	工日	0.636	0.806	0.977	1.147
机械	871640025	多功能校验仪	台班	0.104	0.132	0.160	0.187
	870113063	智能数字压力校验仪	台班	0.069	0.088	0.106	0.125
	870613023	手持式万用表	台班	0.173	0.219	0.266	0.312
	873114001	数字电压表	台班	0.173	0.219	0.266	0.312
	870622055	接地电阻测试仪	台班	0.050	0.050	0.050	0.050
	873150102	对讲机（一对）	台班	0.208	0.263	0.319	0.375
	870113025	便携式电动泵压力校验仪	台班	0.104	0.132	0.160	0.187
	870113059	标准差压发生器 PASHEN	台班	0.065	0.083	0.100	0.118
	870113001	数字压力表	台班	0.069	0.080	0.097	0.115

2. 调节回路

工作内容：管路线路检查，单元仪表检查、设定、排错、模拟试验。　　　　计量单位：套

编号				6-2-79	6-2-80	6-2-81	6-2-82	6-2-83
项目				简单回路	复杂回路		手操回路	无线传输回路（接发点）
					双回路	多回路		
名称			单位	消耗量				
人工	000303000	综合三类工	工日	1.061	1.819	2.576	0.509	1.492
机械	870199011	笔记本电脑	台班	—	—	—	—	0.284
	871640017	回路校验仪	台班	0.154	0.264	0.374	0.074	—
	871640025	多功能校验仪	台班	0.269	0.462	0.654	0.129	0.256
	870613023	手持式万用表	台班	0.192	0.330	0.467	0.092	—
	873114001	数字电压表	台班	0.192	0.330	0.467	0.092	—
	870622055	接地电阻测试仪	台班	0.050	0.050	0.050	0.050	—
	873150102	对讲机（一对）	台班	0.192	0.330	0.467	0.092	0.284

六、补 充 项 目

1. 气动调节仪表

工作内容：检查、接头或接线、安装、单体试验、配合单体试运转。 **计量单位：**台

编号				6-2-84	6-2-85	6-2-86	6-2-87
项目				气动仪表			
				记录、串级调节仪	指示、报警记录调节仪	指示调节仪	记录调节仪
名称			单位	消耗量			
人工	000203000	综合二类工	工日	2.357	2.382	1.651	1.890
材料	181625019	仪表接头	套	（4.000）	（3.000）	（3.000）	（3.000）
	860150012	气动仪表	台	（1.000）	（1.000）	（1.000）	（1.000）
	020907001	清洁布 250×250	块	0.500	0.500	0.500	0.500
	340203009	聚四氟乙烯生料带 宽 40	m	0.200	0.150	0.150	0.150
	850103002	校验材料费	元	4.890	4.890	3.090	3.730
	850103005	其他材料费	元	0.320	0.320	0.230	0.260
机械	991003020	电动空气压缩机 0.6m^3/min	台班	0.338	0.334	0.209	0.256
	870131001	气动综合校验台	台班	0.312	0.308	0.191	0.235
	870134001	电动综合校验台	台班	0.234	0.231	0.144	0.177
	870113001	数字压力表	台班	0.338	0.334	0.209	0.256
	873150102	对讲机（一对）	台班	0.423	0.418	0.262	0.320

工作内容：检查、接头或接线、安装、单体试验、配合单体试运转。　　　　　**计量单位：**台

编号				6-2-88	6-2-89	6-2-90	6-2-91
项目				气动仪表			
				微分器、积分器、比例器	比例、积分调节仪	比例、积分、微分调节仪	计算机给定调节仪
名称			单位	消耗量			
人工	000203000	综合二类工	工日	0.507	1.384	1.552	2.727
材料	181625019	仪表接头	套	（3.000）	（3.000）	（3.000）	（3.000）
	860150012	气动仪表	台	（1.000）	（1.000）	（1.000）	（1.000）
	022703005	细白布（综合）	m	0.070	0.070	0.070	—
	340203009	聚四氟乙烯生料带 宽 40	m	0.150	0.150	0.150	0.150
	020907001	清洁布 250×250	块	—	—	—	0.500
	850103002	校验材料费	元	0.900	2.570	3.090	5.920
	850103005	其他材料费	元	0.070	0.150	0.180	0.370
机械	991003020	电动空气压缩机 0.6m³/min	台班	0.045	0.103	0.105	0.153
	870131001	气动综合校验台	台班	0.053	0.165	0.196	0.376
	870113001	数字压力表	台班	0.088	0.270	0.319	0.609
	873150102	对讲机（一对）	台班	0.073	0.225	0.266	0.507
	871640025	多功能校验仪	台班	—	—	—	0.188

2. 气动计算、给定仪表

工作内容：检查、安装、接头安装、单体试验。　　　　　**计量单位：**台

编号				6-2-92	6-2-93	6-2-94	6-2-95	6-2-96	6-2-97
项目				气动仪表					
				比值器	乘除器	加减器	定值器	参数时间定值器	电脉冲/气压转换器
名称			单位	消耗量					
人工	000203000	综合二类工	工日	0.214	0.268	0.274	0.167	0.188	0.206
材料	181625019	仪表接头	套	（3.000）	（4.000）	（5.000）	（2.000）	（2.000）	（2.000）
	860150012	气动仪表	台	（1.000）	（1.000）	（1.000）	（1.000）	（1.000）	（1.000）
	340203009	聚四氟乙烯生料带 宽 40	m	0.200	0.200	0.250	0.150	0.150	0.150
	030105050	六角螺栓 M6～8×20～70	套	2.000	2.000	2.000	—	—	2.000
	850103002	校验材料费	元	0.390	1.290	1.290	2.570	0.390	0.260
	850103005	其他材料费	元	0.050	0.100	0.100	0.130	0.020	0.040
机械	991003020	电动空气压缩机 0.6m³/min	台班	0.024	0.085	0.085	0.021	0.240	0.200
	870131001	气动综合校验台	台班	0.022	0.079	0.079	0.018	0.210	0.180
	873110028	脉冲信号发生器	台班	—	—	—	—	—	0.009

3. 气动辅助仪表

工作内容： 检查、安装、校接线、接头安装、单体试验。 **计量单位：** 台

编号				6-2-98	6-2-99	6-2-100	6-2-101
项目				气动仪表			
				高、低值选择器	切换器	限幅器	配比器
名称			单位	消耗量			
人工	000203000	综合二类工	工日	0.129	0.106	0.094	0.118
材料	181625019	仪表接头	套	（3.000）	（3.000）	（4.000）	（4.000）
	860150012	气动仪表	台	（1.000）	（1.000）	（1.000）	（1.000）
	030105050	六角螺栓 M6～8×20～70	套	2.000	2.000	2.000	2.000
	340203009	聚四氟乙烯生料带 宽 40	m	0.200	0.200	0.250	0.250
	850103002	校验材料费	元	0.130	0.130	0.130	0.130
	850103005	其他材料费	元	0.040	0.040	0.040	0.040
机械	991003020	电动空气压缩机 0.6m³/min	台班	0.025	0.016	0.015	0.024
	870131001	气动综合校验台	台班	0.022	0.013	0.013	0.020

工作内容： 检查、安装、校接线、接头安装、单体试验。 **计量单位：** 台

编号				6-2-102	6-2-103	6-2-104	6-2-105	6-2-106
项目				气动仪表				
				继动器	恒差器、负荷分配器	带指示手动操作器	手-自动切换双指示操作器/面板	Q 型操作器
名称			单位	消耗量				
人工	000203000	综合二类工	工日	0.106	0.106	0.254	0.284	0.331
材料	181625019	仪表接头	套	（3.000）	（3.000）	（3.000）	（5.000）	（3.000）
	860150012	气动仪表	台	（1.000）	（1.000）	（1.000）	（1.000）	（1.000）
	022703005	细白布（综合）	m	—	—	0.050	0.050	0.050
	340203009	聚四氟乙烯生料带 宽 40	m	0.200	0.200	0.150	0.300	0.500
	030105050	六角螺栓 M6～8×20～70	套	2.000	2.000	—	—	—
	850103002	校验材料费	元	0.130	0.130	0.640	0.770	0.640
	850103005	其他材料费	元	0.040	0.040	0.050	0.060	0.060
机械	991003020	电动空气压缩机 0.6m³/min	台班	0.023	0.023	0.071	0.076	0.068
	870113001	数字压力表	台班	—	—	0.047	0.050	0.045
	870131001	气动综合校验台	台班	0.020	0.020	0.042	0.044	0.040
	873150102	对讲机（一对）	台班	—	—	0.059	0.063	0.056

第三章

机械量监控装置

说 明

一、本章内容包括测厚测宽装置，旋转机械监测装置，称重装置，皮带秤及皮带打滑、跑偏检测，称重装置及电子皮带称标定。

二、本章包括以下工作内容：

1. 准备、开箱、设备清点、搬运、附属件安装、校接线；显示或控制装置安装试验，常规检查、单元检查、功能测试、设备接地、整套系统试验、配合单机试运转、记录。

2. 配合安装机械量装置传感器、探头、检测元件、传动机构、测量架（框），对控制部分检查、接线、接地、绝缘测试、单元检查、功能测试、整机系统试验、运行。

3. 称重装置标定。

三、本章不包括以下工作内容：

1. 仪表支架、支座、台座制作安装。

2. 标定用砝码、链码的租用、运输、挂码和实物标定的物源准备、堆场工作。

四、相关说明：

1. 机械量仪表安全防护用材料、机械或仪器等按施工组织设计另行计算。

2. 微型传感器用于精细工程，包括传感器本体安装试验。

工程量计算规则

一、传感器安装应按设计图示数量，以“台”为计量单位，称重显示装置和可编程控制装置应按设计图示数量，以“套”为计量单位，包括显示、累计、报警、控制、通信、打印、拷贝等功能。

二、皮带秤及皮带打滑、跑偏检测，以“台”为计量单位。

三、称重装置及电子皮带秤标定，以“次/套”为计量单位。

一、测厚测宽装置

工作内容：配合开箱检查、运输、配合安装、安全防护、校接线、常规检查、单元检查、功能检查、设备接地、整机系统试验。　　**计量单位：**套

编号				6-3-1	6-3-2	6-3-3	6-3-4
项目				接触式测厚仪	同位素测厚仪（直接测量）	同位素测厚仪带“C”型架	
						100kg 以内	100kg 以上
名称			单位	消耗量			
人工	000203000	综合二类工	工日	14.440	27.605	30.481	31.002
材料	341301002	警告牌	个	—	（1.000）	（1.000）	（1.000）
	284309003	接地线 5.5～16mm²	m	1.000	1.000	1.000	1.000
	022703006	细白布 宽 900	m	0.100	0.300	0.300	0.300
	020907001	清洁布 250×250	块	1.000	1.000	2.000	2.000
	341304005	位号牌	个	1.000	1.000	1.000	1.000
	143505004	清洗液 500mL	瓶	—	—	0.500	0.500
	850103006	其他材料费（占材料费）	%	5.000	5.000	5.000	5.000
机械	873174013	铭牌打印机	台班	0.012	0.012	0.012	0.012
	871640025	多功能校验仪	台班	2.563	5.155	5.564	5.564
	870613023	手持式万用表	台班	2.563	5.155	5.564	5.564
	873114001	数字电压表	台班	1.282	2.577	2.782	2.782
	870613013	兆欧表	台班	0.030	0.030	0.030	0.030
	870622055	接地电阻测试仪	台班	0.050	0.050	0.050	0.050
	873150102	对讲机（一对）	台班	2.563	5.155	5.564	5.564

工作内容： 配合开箱检查、运输、配合安装、安全防护、校接线、常规检查、单元检查、功能检查、设备接地、整机系统试验。

计量单位： 套

编号				6-3-5	6-3-6
项目				电容/光电式厚度检测装置	宽度检测装置
名称			单位	消耗量	
人工	000203000	综合二类工	工日	15.615	33.400
材料	284309003	接地线 5.5～16mm^2	m	1.000	1.000
	022703006	细白布 宽 900	m	0.100	0.100
	020907001	清洁布 250 × 250	块	1.000	1.000
	341304005	位号牌	个	1.000	1.000
	850103006	其他材料费（占材料费）	%	5.000	5.000
机械	873174013	铭牌打印机	台班	0.012	0.012
	871640025	多功能校验仪	台班	2.616	5.968
	870613023	手持式万用表	台班	2.616	5.968
	873114001	数字电压表	台班	1.308	2.984
	870613013	兆欧表	台班	0.030	0.030
	870622055	接地电阻测试仪	台班	0.050	0.050
	873150102	对讲机（一对）	台班	2.616	5.968

二、旋转机械监测装置

工作内容： 配合开箱检查、运输、配合安装及仪表设备安装、校接线、常规检查、功能检查、配合试运转。

计量单位： 套

编号				6-3-7	6-3-8	6-3-9	6-3-10	6-3-11	6-3-12
项目				挠度监测	轴位移量监测	热膨胀监测	转速监测	振动监测	扭矩监测
名称			单位	消耗量					
人工	000203000	综合二类工	工日	4.520	4.717	4.558	3.847	4.828	4.054
材料	022703006	细白布 宽 900	m	0.100	0.100	0.100	0.100	0.100	0.100
	341304005	位号牌	个	1.000	1.000	1.000	1.000	1.000	1.000
	850103006	其他材料费（占材料费）	%	5.000	5.000	5.000	5.000	5.000	5.000
机械	873148001	示波器	台班	—	—	—	0.034	—	—
	873174013	铭牌打印机	台班	0.012	0.012	0.012	0.012	0.012	0.012
	871640025	多功能校验仪	台班	0.560	0.555	0.545	0.446	0.556	0.555
	871699025	轴位移测振仪	台班	—	0.555	—	—	0.556	—
	870613023	手持式万用表	台班	0.560	0.555	0.545	0.446	0.556	0.555
	873114001	数字电压表	台班	0.280	0.277	0.273	0.223	0.278	0.277
	873136001	数字频率计	台班	—	—	—	0.034	0.042	—
	873150102	对讲机（一对）	台班	0.560	0.555	0.545	0.446	0.556	0.555

三、称重装置

工作内容：配合清点和安装、常规检查、校接线、接地、绝缘检查、整机系统试验。　　**计量单位：**台

编号				6-3-13	6-3-14	6-3-15	6-3-16	6-3-17
项目				称重传感器（称重量）				
				微型	0.01～1t	1～10t	10～50t	50t 以上
		名称	单位	消耗量				
人工	000203000	综合二类工	工日	0.632	2.814	3.211	3.607	4.225
材料	284309003	接地线 5.5～16mm^2	m	1.000	1.000	1.000	1.000	1.000
	143505004	清洗液 500mL	瓶	0.200	0.300	0.500	0.500	0.600
	850103006	其他材料费（占材料费）	%	5.000	5.000	5.000	5.000	5.000
机械	873174017	线号打印机	台班	0.010	0.010	0.010	0.010	0.010
	870613023	手持式万用表	台班	0.032	0.260	0.318	0.377	0.465
	870622055	接地电阻测试仪	台班	0.050	0.050	0.050	0.050	0.050
	870613013	兆欧表	台班	0.030	0.030	0.030	0.030	0.030

工作内容：配合清点和安装、常规检查、校接线、接地、绝缘检查、整机系统试验。　　**计量单位：**套

编号				6-3-18	6-3-19
项目				称重显示装置	可编程称重控制装置
				套	
		名称	单位	消耗量	
人工	000203000	综合二类工	工日	6.826	41.741
材料	284309003	接地线 5.5～16mm^2	m	1.000	2.000
	020907001	清洁布 250×250	块	1.000	2.000
	022703006	细白布 宽 900	m	0.100	0.100
	850103006	其他材料费（占材料费）	%	5.000	5.000
机械	873174017	线号打印机	台班	0.020	0.030
	870613023	手持式万用表	台班	1.256	5.055
	870622055	接地电阻测试仪	台班	—	0.050
	871640025	多功能校验仪	台班	1.713	8.271
	873112061	精密交直流稳压电源	台班	1.185	5.722
	873114001	数字电压表	台班	0.942	4.549
	873150102	对讲机（一对）	台班	1.571	7.582

四、皮带秤及皮带打滑、跑偏检测

工作内容：配合清点和安装、校接线、接地、配合安装试验。 **计量单位：**台

编号				6-3-20	6-3-21	6-3-22	6-3-23	6-3-24
项目				电子皮带秤		皮带跑偏检测	皮带打滑检测	拉绳开关
				单托辊	双托辊			
名称			单位	消耗量				
人工	000203000	综合二类工	工日	8.284	8.647	6.936	5.754	7.773
材料	260101002	拉绳开关及附件	套	—	—	—	—	（1.000）
	010511001	覆塑钢丝绳 $\phi4$	m	—	—	—	—	（30.000）
	284309003	接地线 5.5～16mm^2	m	1.000	1.000	1.000	1.000	1.000
	022703006	细白布 宽 900	m	0.200	0.300	0.100	0.100	0.200
	341304005	位号牌	个	2.000	2.000	1.000	1.000	1.000
	143505004	清洗液 500mL	瓶	—	—	—	—	0.200
	850103006	其他材料费（占材料费）	%	5.000	5.000	5.000	5.000	5.000
机械	990401015	载重汽车 4t	台班	—	—	—	—	0.015
	873174013	铭牌打印机	台班	0.024	0.024	0.012	0.012	0.012
	870699160	多功能信号校验仪	台班	1.175	1.175	0.718	0.489	0.281
	870613023	手持式万用表	台班	0.705	0.705	0.431	0.294	0.168
	870622055	接地电阻测试仪	台班	0.050	0.050	0.050	0.050	—
	873150102	对讲机（一对）	台班	0.940	0.940	0.574	0.391	0.224
	873114001	数字电压表	台班	—	—	0.287	0.196	0.112
	870613013	兆欧表	台班	—	—	0.030	0.030	0.030

五、称重装置及电子皮带秤标定

工作内容：机械部分调整、零点、线性度和精度试验、电源调整、皮带速度、周长、静态复合率调整等。

计量单位：次/套

编号				6-3-25	6-3-26	6-3-27	6-3-28
项目				挂码标定（挂码重量 kg 以内）			
				20	50	80	100
名称			单位	消耗量			
人工	000203000	综合二类工	工日	3.705	4.895	6.384	8.467
材料	022703006	细白布 宽 900	m	0.350	0.350	0.350	0.350
	143505004	清洗液 500mL	瓶	0.200	0.200	0.200	0.200
机械	870613023	手持式万用表	台班	0.420	0.420	0.420	0.420
	873114001	数字电压表	台班	0.252	0.252	0.252	0.252
	873150102	对讲机（一对）	台班	0.420	0.420	0.420	0.420

工作内容：机械部分调整、零点、线性度和精度试验、电源调整、皮带速度、周长、静态复合率调整等。

计量单位：次/套

编号				6-3-29	6-3-30	6-3-31
项目				链码标定（链码重量 kg 以内）		
				50	100	200
名称			单位	消耗量		
人工	000203000	综合二类工	工日	4.707	5.998	6.494
材料	022703006	细白布 宽 900	m	0.350	0.350	0.350
	143505004	清洗液 500mL	瓶	0.200	0.200	0.200
机械	870613023	手持式万用表	台班	0.455	0.455	0.455
	873114001	数字电压表	台班	0.273	0.273	0.273
	873150102	对讲机（一对）	台班	0.455	0.455	0.455

工作内容：机械部分调整、零点、线性度和精度试验、电源调整、皮带速度、周长、静态复合率调整等。 **计量单位：**次/套

编号				6-3-32	6-3-33	6-3-34	6-3-35	6-3-36
项目				实物标定（标定重量 t 以内）				
				5	8	15	25	50
名称			单位	消耗量				
人工	000203000	综合二类工	工日	4.939	6.328	8.709	11.191	13.076
机械	870613023	手持式万用表	台班	0.560	0.560	0.560	0.560	0.560
	873114001	数字电压表	台班	0.336	0.336	0.336	0.336	0.336
	873150102	对讲机（一对）	台班	0.560	0.560	0.560	0.560	0.560
	990305020	叉式起重机 5t	台班	0.461	0.662	1.008	1.368	1.642
	990304024	汽车式起重机 25t	台班	0.461	0.662	1.008	1.368	1.642
	990401055	载重汽车 20t	台班	0.461	0.662	1.008	1.368	1.642

六、载荷传感器安装

工作内容：配合清点和安装、常规检查、校接线、接地、绝缘检查、整机系统试验。 **计量单位：**台

编号				6-3-37
项目				载荷传感器
名称			单位	消耗量
人工	000203000	综合二类工	工日	2.236
材料	284309003	接地线 5.5～16mm^2	m	1.000
	022701001	棉纱	kg	0.200
	850103002	校验材料费	元	4.510
	850103006	其他材料费（占材料费）	%	5.000
机械	870622055	接地电阻测试仪	台班	0.050
	870613013	兆欧表	台班	0.030
	873174017	线号打印机	台班	0.010
	870613023	手持式万用表	台班	0.220

第四章

过程分析及环境监测装置

说　明

一、本章内容包括过程在线分析系统，水处理过程在线监测系统，物性检测装置，特殊预处理装置，分析柜、室及附件安装，气象环保监测系统。

1. 过程分析系统：电化学式、热学式、磁导式、红外线分析、光电比色分析、工业色谱分析、质谱仪、可燃气体热值指数仪、多功能多参数在线分析装置。

2. 水处理在线监测系统：水质分析、浊度、污水处理、毒气泄漏检测报警；水质分析中缩写字母表示：

ORP——氧化还原电位值；

TOD——总需氧量；

COD——化学需氧量；

BOD——生物化学需氧量。

3. 物性检测装置：湿度、密度、水分、粘度、粉尘检测。

4. 特殊预处理装置：烟道脏气取样、炉气高温气体取样、重油分析取样、腐蚀组分取样、高粘度赃物取样、环境监测取样。

5. 分析柜、室及附件安装。

6. 气象环保监测装置：风向、风速、雨量、日照、飘尘、温湿度、露点、噪声。

二、本章包括以下工作内容：

1. 准备、开箱、设备清点、搬运、校接线、成套仪表安装、附属件安装、常规检查、单元检查、功能测试、设备接地、整套系统试验、配合单机试运转、记录。

2. 成套分析仪表探头、通用预处理装置、转换装置、显示仪表安装及取样部件提供、清洗、保管。

3. 分析系统数据处理和控制设备调试、接口试验。

4. 分析仪表校验采用标准样品标定。

5. 分析小屋或柜安装就位、安全防护、接地、接地电阻测试。

6. 水质、环保监测成套安装，成套附件安装，整套试验运行。

7. 气象环保监测系统包括现场仪表安装固定、校接线、单元检查、系统试验。

8. 过程分析系统、水质分析、污水处理、环保、气象等检测、监测装置安装试验时，施工方应与有关方协调配合。

三、本章不包括以下工作内容：

1. 仪表支架、支座、台座制作安装。

2. 在管道上开孔焊接取源、取样部件或法兰。

3. 校验用标准样品的配制。

4. 分析系统需配置的冷却器、水封及其他辅助容器的制作和安装，应执行本册相应项目。

5. 分析小屋及分析柜通风、空调、管路、电缆、阀安装及底座、轨道安装，小屋或柜密封、试压、开孔。

6. 水质、环保监测系统不涉及土木建筑工作。

7. 气象环保监测的立杆、拉线、检修平台安装。

四、相关说明：

1. 分析仪表为在线分析装置，分为化学分析或物理分析和物性分析，不适用于试验室或分析间的定性或定量分析仪器。具有智能功能的过程分析、水质检测及环境检测等装置数据可传送至上位计算机，接口试验应执行本册第六章相应项目。

2. 检测装置及仪表是成套装置，包括取样、预处理装置、探头、传感器、检出器、转换器、显示或控制装置等，除有说明外，不得另行计算工程量。

3. 分析小屋安装高度按 3m 以下和 3m 以上列项，尺寸为长 × 宽 × 高，即 3m × 3m × 3m = $27m^3$，在 $27m^3$ 以下执行 3m 以下安装项目，在 $27m^3$ 以上且高度超过 3m 时，按 3m 以上安装项目执行。体积超过 $27m^3$ 以上时应按比例计算工程量。

工程量计算规则

一、过程分析系统、水处理在线监测系统、物性检测装置、特殊预处理装置、气象环保监测系统应区分不同类型，分别以“套”为计量单位。

二、分析柜、室及附件安装，分别以“台”为计量单位。

一、过程分析系统

工作内容： 取样、预处理装置、探头、电极、数据处理及控制设备安装、检查、调整、系统试验、标定。

计量单位： 套

编号				6-4-1	6-4-2	6-4-3	6-4-4
项目				电化学式分析仪			
				电导式气体分析	电导式液体分析	烟气分析	氧含量分析仪
名称			单位	消耗量			
人工	000203000	综合二类工	工日	5.932	4.852	6.107	4.542
材料	860150007	取源部件	套	（1.000）	（1.000）	（1.000）	（1.000）
	181625019	仪表接头	套	（3.000）	（1.000）	—	（1.000）
	022703006	细白布 宽900	m	0.350	0.350	0.350	0.350
	142909001	氧气	m^3	0.042	—	—	—
	142907002	乙炔气	kg	0.016	—	—	—
	031301023	碳钢气焊条（综合）	kg	0.016	—	—	—
	341304005	位号牌	个	1.000	1.000	1.000	1.000
	850103006	其他材料费（占材料费）	%	5.000	5.000	5.000	5.000
机械	873174013	铭牌打印机	台班	0.012	0.012	0.012	0.012
	871640025	多功能校验仪	台班	0.520	0.385	0.554	0.308
	870613023	手持式万用表	台班	0.891	0.660	0.950	0.528
	873114001	数字电压表	台班	0.743	0.550	0.792	0.440
	873150102	对讲机（一对）	台班	0.743	0.550	0.792	0.440
	870622105	精密标准电阻箱	台班	—	0.600	—	—

工作内容：取样、预处理装置、探头、电极、数据处理及控制设备安装、检查、调整、系统试验、标定。

计量单位：套

编号				6-4-5	6-4-6	6-4-7	6-4-8
项目				pH 分析仪		氧化锆分析仪	去极化式分析仪
				流通式	沉入式		
名称			单位	消耗量			
人工	000203000	综合二类工	工日	4.807	4.675	4.752	7.674
材料	181625019	仪表接头	套	（2.000）	—	（1.000）	（4.000）
	860150007	取源部件	套	—	—	（1.000）	（1.000）
	022703006	细白布 宽 900	m	0.350	0.350	0.350	0.350
	142909001	氧气	m^3	0.042	—	—	0.042
	142907002	乙炔气	kg	0.016	—	—	0.016
	031301023	碳钢气焊条（综合）	kg	0.016	—	—	0.016
	341304005	位号牌	个	1.000	1.000	1.000	2.000
	850103006	其他材料费（占材料费）	%	5.000	5.000	5.000	5.000
机械	873174013	铭牌打印机	台班	0.012	0.012	0.012	0.024
	871640025	多功能校验仪	台班	0.462	0.462	0.491	0.693
	870613023	手持式万用表	台班	0.792	0.792	0.842	1.188
	873114001	数字电压表	台班	0.660	0.660	0.701	0.990
	873150102	对讲机（一对）	台班	0.660	0.660	0.701	0.990
	870613013	兆欧表	台班	—	—	—	0.030

工作内容：取样、预处理装置、探头、电极、数据处理及控制设备安装、检查、调整、系统试验、标定。

计量单位：套

编号				6-4-9	6-4-10	6-4-11	6-4-12
项目				热学式分析仪		磁导式分析仪	红外线分析仪
				热导式	热化学式		
名称			单位	消耗量			
人工	000203000	综合二类工	工日	7.585	5.027	5.424	4.504
材料	860150007	取源部件	套	（1.000）	（1.000）	（1.000）	（1.000）
	181625019	仪表接头	套	（2.000）	（2.000）	（3.000）	（2.000）
	142909001	氧气	m^3	0.042	0.042	0.042	0.042
	142907002	乙炔气	kg	0.016	0.016	0.016	0.016
	031301023	碳钢气焊条（综合）	kg	0.016	0.016	0.016	0.016
	022703006	细白布 宽 900	m	0.350	0.350	0.350	—
	341304005	位号牌	个	1.000	1.000	1.000	1.000
	093301001	真丝绸布 宽 900	m	—	—	—	0.120
	850103006	其他材料费（占材料费）	%	5.000	5.000	5.000	5.000
机械	873174013	铭牌打印机	台班	0.012	0.012	0.012	0.012
	871640025	多功能校验仪	台班	0.693	0.462	0.616	0.602
	870613023	手持式万用表	台班	1.188	0.792	1.056	1.031
	873114001	数字电压表	台班	0.990	0.660	0.880	0.859
	870622105	精密标准电阻箱	台班	0.792	0.528	—	—
	870613013	兆欧表	台班	0.030	0.030	0.030	—
	873150102	对讲机（一对）	台班	0.990	0.660	0.880	0.859

工作内容：取样、预处理装置、探头、电极、数据处理及控制设备安装、检查、调整、系统试验、标定。

计量单位：套

编号				6-4-13	6-4-14	6-4-15	6-4-16
项目				电磁浓度计	光电比色分析		工业气相色谱分析
					硅酸根自动分析	浊度分析	
		名称	单位	消耗量			
人工	000203000	综合二类工	工日	2.933	5.204	4.454	17.905
材料	860150007	取源部件	套	（1.000）	（1.000）	（1.000）	（6.000）
	181625019	仪表接头	套	（2.000）	（2.000）	（2.000）	（14.000）
	142909001	氧气	m^3	0.042	0.042	0.030	0.042
	142907002	乙炔气	kg	0.016	0.016	0.010	0.016
	031301023	碳钢气焊条（综合）	kg	0.016	0.016	0.020	0.016
	022703006	细白布 宽 900	m	0.350	—	—	—
	341304005	位号牌	个	1.000	1.000	1.000	6.000
	093301001	真丝绸布 宽 900	m	—	0.120	—	0.200
	850103006	其他材料费（占材料费）	%	5.000	5.000	5.000	5.000
机械	873174013	铭牌打印机	台班	0.012	0.012	0.012	0.072
	871640025	多功能校验仪	台班	0.258	0.662	0.578	1.733
	870613023	手持式万用表	台班	0.442	1.135	0.990	2.970
	873114001	数字电压表	台班	0.369	0.946	0.825	2.475
	870622055	接地电阻测试仪	台班	0.050	—	—	—
	870613013	兆欧表	台班	0.030	—	—	—
	873150102	对讲机（一对）	台班	0.369	0.946	0.825	2.475

工作内容：取样、预处理装置、探头、电极、数据处理及控制设备安装、检查、调整、系统试验、标定。

计量单位：套

编号				6-4-17	6-4-18	6-4-19
项目				质谱仪	可燃气体热值指数仪	多功能多参数在线分析仪
名称			单位	消耗量		
人工	000203000	综合二类工	工日	14.024	9.834	9.032
材料	860150007	取源部件	套	（1.000）	（1.000）	（4.000）
	181625019	仪表接头	套	（1.000）	（3.000）	（12.000）
	022703006	细白布 宽 900	m	0.350	0.350	0.350
	341304005	位号牌	个	1.000	1.000	4.000
	142909001	氧气	m^3	—	0.042	0.042
	142907002	乙炔气	kg	—	0.016	0.016
	031301023	碳钢气焊条（综合）	kg	—	0.016	0.016
	093301001	真丝绸布 宽 900	m	—	—	0.200
	850103006	其他材料费（占材料费）	%	5.000	5.000	5.000
机械	873174013	铭牌打印机	台班	0.012	0.012	0.048
	871640025	多功能校验仪	台班	1.540	0.770	0.880
	870613023	手持式万用表	台班	2.640	1.320	1.509
	873114001	数字电压表	台班	2.200	1.100	1.257
	873150102	对讲机（一对）	台班	2.200	1.100	1.257
	870622055	接地电阻测试仪	台班	—	—	0.050

二、水处理在线监测系统

工作内容： 运输、取样、电极、探测器、传感器安装、数据处理及控制设备安装检查、调整、功能测试、系统试验。

计量单位： 套

编　号				6-4-20	6-4-21	6-4-22	6-4-23
项　目				水质分析			
				ORP	TOD	COD	BOD
名　称			单位	消　耗　量			
人工	000203000	综合二类工	工日	5.115	6.218	4.675	4.499
材料	181625019	仪表接头	套	（1.000）	（1.000）	（1.000）	（1.000）
	341304005	位号牌	个	1.000	1.000	1.000	1.000
	850103006	其他材料费（占材料费）	%	5.000	5.000	5.000	5.000
机械	873174013	铭牌打印机	台班	0.012	0.012	0.012	0.012
	871640025	多功能校验仪	台班	0.578	0.770	0.501	0.462
	870613023	手持式万用表	台班	0.990	1.320	0.858	0.792
	873114001	数字电压表	台班	0.825	1.100	0.715	0.660
	873150102	对讲机（一对）	台班	0.825	1.100	0.715	0.660

工作内容： 运输、取样、电极、探测器、传感器安装、数据处理及控制设备安装检查、调整、功能测试、系统试验。

计量单位： 套

编　号				6-4-24	6-4-25	6-4-26	6-4-27
项　目				颗粒计数装置	在线激光颗粒物分析	固体悬浮物检测（MLSS）	污泥浓度检测（SS）
名　称			单位	消　耗　量			
人工	000203000	综合二类工	工日	3.506	4.167	5.160	4.387
材料	341304005	位号牌	个	1.000	1.000	1.000	1.000
	850103006	其他材料费（占材料费）	%	5.000	5.000	5.000	5.000
机械	873174013	铭牌打印机	台班	0.012	0.012	0.012	0.012
	871640025	多功能校验仪	台班	0.308	0.347	0.501	0.327
	870613023	手持式万用表	台班	0.528	0.594	0.858	0.561
	873114001	数字电压表	台班	0.440	0.495	0.715	0.468
	873150102	对讲机（一对）	台班	0.440	0.495	0.715	0.468
	873174001	编程器	台班	—	—	0.624	—

工作内容： 运输、取样、电极、探测器、传感器安装、数据处理及控制设备安装检查、调整、功能测试、系统试验。

计量单位：套

编号				6-4-28	6-4-29	6-4-30	6-4-31
项目				污泥界面检测	有机物污染物分析	蓝绿藻/叶绿素分析	无机离子检测
名称			单位	消耗量			
人工	000203000	综合二类工	工日	3.132	8.422	3.087	6.439
材料	341304005	位号牌	个	1.000	1.000	1.000	1.000
	850103006	其他材料费（占材料费）	%	5.000	5.000	5.000	5.000
机械	873174013	铭牌打印机	台班	0.012	0.012	0.012	0.012
	871640025	多功能校验仪	台班	0.308	0.963	0.252	0.672
	870613023	手持式万用表	台班	0.528	1.650	0.432	1.152
	873114001	数字电压表	台班	0.440	1.375	0.360	0.960
	873150102	对讲机（一对）	台班	0.440	1.375	0.360	0.960
	873174001	编程器	台班	—	1.200	—	0.576

工作内容： 运输、取样、电极、探测器、传感器安装、数据处理及控制设备安装检查、调整、功能测试、系统试验。

计量单位：套

编号				6-4-32	6-4-33	6-4-34	6-4-35
项目				余氯分析	流动电流检测	游动电流检测（SCD）	硫化氢在线检测
名称			单位	消耗量			
人工	000203000	综合二类工	工日	2.734	5.336	6.306	5.545
材料	341304005	位号牌	个	1.000	1.000	1.000	1.000
	850103006	其他材料费（占材料费）	%	5.000	5.000	5.000	5.000
机械	873174013	铭牌打印机	台班	0.012	0.012	0.012	0.012
	871640025	多功能校验仪	台班	0.210	0.462	0.554	0.722
	870613023	手持式万用表	台班	0.360	0.792	0.950	1.238
	873114001	数字电压表	台班	0.300	0.660	0.792	1.031
	873150102	对讲机（一对）	台班	0.300	0.660	0.792	1.031
	873174001	编程器	台班	—	—	0.475	0.619

工作内容：运输、取样、电极、探测器、传感器安装、数据处理及控制设备安装检查、调整、功能测试、系统试验。

计量单位：套

编号				6-4-36	6-4-37	6-4-38	6-4-39
项目				水质浊度监测	溶解臭氧浓度检测	余臭氧检测	臭氧监测
名称			单位	消耗量			
人工	000203000	综合二类工	工日	3.616	2.073	3.021	7.541
材料	860150007	取源部件	套	（1.000）	—	—	—
	341304005	位号牌	个	1.000	1.000	1.000	1.000
	850103006	其他材料费（占材料费）	%	5.000	5.000	5.000	5.000
机械	873174013	铭牌打印机	台班	0.012	0.012	0.012	0.012
	871640025	多功能校验仪	台班	0.385	0.210	0.315	0.840
	870613023	手持式万用表	台班	0.660	0.360	0.540	1.440
	873114001	数字电压表	台班	0.550	0.300	0.450	1.200
	873174001	编程器	台班	0.330	—	—	0.960
	873150102	对讲机（一对）	台班	0.550	0.300	0.450	1.200

工作内容：运输、取样、电极、探测器、传感器安装、数据处理及控制设备安装检查、调整、功能测试、系统试验。

计量单位：套

编号				6-4-40	6-4-41	6-4-42	6-4-43
项目				氨气泄漏检测报警	二氧化氯泄漏检测报警	氯气泄漏检测报警	甲醇泄漏检测报警
名称			单位	消耗量			
人工	000203000	综合二类工	工日	3.902	3.616	3.175	2.734
材料	341304005	位号牌	个	1.000	1.000	1.000	1.000
	850103006	其他材料费（占材料费）	%	5.000	5.000	5.000	5.000
机械	873174013	铭牌打印机	台班	0.012	0.012	0.012	0.012
	871640025	多功能校验仪	台班	0.420	0.420	0.336	0.252
	870613023	手持式万用表	台班	0.720	0.720	0.576	0.432
	873114001	数字电压表	台班	0.600	0.600	0.480	0.360
	873150102	对讲机（一对）	台班	0.600	0.600	0.480	0.360

工作内容：运输、取样、电极、探测器、传感器安装、数据处理及控制设备安装检查、调整、功能测试、系统试验。

计量单位：套

编号				6-4-44	6-4-45	6-4-46
项目				紫外线强度在线检测	总氮分析	营养盐浓度监测
名称			单位	消耗量		
人工	000203000	综合二类工	工日	3.175	4.013	3.219
材料	341304005	位号牌	个	1.000	1.000	1.000
	850103006	其他材料费（占材料费）	%	5.000	5.000	5.000
机械	873174013	铭牌打印机	台班	0.012	0.012	0.012
	871640025	多功能校验仪	台班	0.294	0.336	0.252
	870613023	手持式万用表	台班	0.504	0.576	0.432
	873114001	数字电压表	台班	0.420	0.480	0.360
	873150102	对讲机（一对）	台班	0.420	0.480	0.360

三、物性检测装置

工作内容：准备、开箱清点、运输、安装、检查、调整。

计量单位：套

编号				6-4-47	6-4-48	6-4-49	6-4-50
项目				湿度分析	密度和比重测定	核辐射密度计	水分计
名称			单位	消耗量			
人工	000203000	综合二类工	工日	3.824	4.993	6.764	6.814
材料	860150007	取源部件	套	—	（1.000）	—	—
	181625019	仪表接头	套	—	（1.000）	—	—
	341301002	警告牌	个	—	—	（1.000）	—
	341304005	位号牌	个	1.000	1.000	1.000	1.000
	022703006	细白布 宽 900	m	—	0.210	0.300	—
	850103006	其他材料费（占材料费）	%	5.000	5.000	5.000	5.000
机械	873174013	铭牌打印机	台班	0.012	0.012	0.012	0.012
	871640025	多功能校验仪	台班	0.283	0.430	—	0.840
	870613023	手持式万用表	台班	0.485	0.737	0.481	1.440
	870622055	接地电阻测试仪	台班	0.050	—	0.050	—
	873150102	对讲机（一对）	台班	0.404	0.614	0.401	1.200
	871640009	高精度多功能过程校验仪	台班	—	—	0.280	—
	873114001	数字电压表	台班	—	—	0.401	1.200

工作内容：准备、开箱清点、运输、安装、检查、调整。　　计量单位：套

编号				6-4-51	6-4-52	6-4-53
项目				粘度测定		粉尘检测
				设备上安装	管道上安装	
名称			单位	消耗量		
人工	000203000	综合二类工	工日	8.732	8.578	5.712
材料	860150007	取源部件	套	（1.000）	（1.000）	—
	181625019	仪表接头	套	（1.000）	（1.000）	—
	022703006	细白布 宽 900	m	0.350	0.350	0.350
	341304005	位号牌	个	1.000	1.000	2.000
	850103006	其他材料费（占材料费）	%	5.000	5.000	5.000
机械	873174013	铭牌打印机	台班	0.012	0.012	0.024
	871640025	多功能校验仪	台班	1.029	1.029	0.630
	870613023	手持式万用表	台班	1.764	1.764	1.080
	873114001	数字电压表	台班	1.470	1.470	0.900
	870622055	接地电阻测试仪	台班	0.050	0.050	0.050
	873150102	对讲机（一对）	台班	1.470	1.470	0.900

四、特殊预处理装置

工作内容：准备、开箱清点、运输、安装、检查、调整。　　计量单位：套

编号				6-4-54	6-4-55	6-4-56	6-4-57
项目				脏气取样	高温物质取样	重油分析取样	环境监测取样
							单点
名称			单位	消耗量			
人工	000203000	综合二类工	工日	2.481	3.804	2.613	1.224
材料	022703006	细白布 宽 900	m	0.500	0.500	0.500	0.200
	341304005	位号牌	个	1.000	1.000	1.000	1.000
	850103006	其他材料费（占材料费）	%	5.000	5.000	5.000	5.000
机械	873174013	铭牌打印机	台班	0.012	0.012	0.012	0.012

工作内容：准备、开箱清点、运输、安装、检查、调整。 **计量单位：**套

编号				6-4-58	6-4-59	6-4-60
项目				环境监测取样	腐蚀组分取样	高粘度脏物取样
名称			单位	消耗量		
人工	000203000	综合二类工	工日	2.348	2.447	3.440
材料	022703006	细白布 宽 900	m	0.500	0.200	0.500
	341304005	位号牌	个	1.000	1.000	1.000
	850103006	其他材料费（占材料费）	%	5.000	5.000	5.000
机械	873174013	铭牌打印机	台班	0.012	0.012	0.012

五、分析柜、室及附件安装

工作内容：开箱清点、运输、搬运、安装就位固定、接地、接管接线检查。 **计量单位：**台

编号				6-4-61	6-4-62	6-4-63	6-4-64
项目				分析柜安装	分析小屋（安装高度 m）		取样冷却器
					3m 以内	3m 以上	
名称			单位	消耗量			
人工	000203000	综合二类工	工日	4.256	15.302	17.948	1.025
材料	181625019	仪表接头	套	—	—	—	（6.000）
	031509005	垫铁	kg	1.000	8.000	8.000	—
	284309003	接地线 5.5～16mm²	m	1.500	2.500	2.500	—
	022703006	细白布 宽 900	m	0.300	1.000	1.000	0.300
	143505004	清洗液 500mL	瓶	0.300	1.000	1.000	0.200
	031303018	不锈钢氩弧焊丝（综合）	kg	—	—	—	0.030
	142911001	氩气	m³	—	—	—	0.084
	340101003	铈钨棒	g	—	—	—	0.168
	341304005	位号牌	个	—	—	—	6.000
	850103006	其他材料费（占材料费）	%	5.000	5.000	5.000	5.000
机械	990304024	汽车式起重机 25t	台班	0.100	0.600	—	—
	990401055	载重汽车 20t	台班	0.100	0.600	0.600	—
	870613023	手持式万用表	台班	0.268	0.945	1.121	—
	870622055	接地电阻测试仪	台班	0.050	0.050	0.050	—
	990304040	汽车式起重机 50t	台班	—	—	0.600	—
	990912010	氩弧焊机 500A	台班	—	—	—	0.050
	873174013	铭牌打印机	台班	—	—	—	0.072

六、气象环保监测系统

工作内容： 清点、运输、安装固定、校接线、常规检查、单元检查、系统试验。　　**计量单位：** 套

编　号				6-4-65	6-4-66	6-4-67	6-4-68
项　目				风向、风速	雨量	日照	飘尘
名　称			单位	消　耗　量			
人工	000203000	综合二类工	工日	6.106	7.301	6.133	8.147
材料	022703006	细白布 宽 900	m	0.140	0.140	0.140	0.140
	341304005	位号牌	个	1.000	1.000	1.000	1.000
	850103006	其他材料费（占材料费）	%	5.000	5.000	5.000	5.000
机械	873174013	铭牌打印机	台班	0.012	0.012	0.012	0.012
	873112061	精密交直流稳压电源	台班	0.245	0.398	0.300	0.421
	870699160	多功能信号校验仪	台班	0.318	0.398	0.300	0.421
	870613023	手持式万用表	台班	0.544	0.682	0.514	0.722
	873114001	数字电压表	台班	0.454	0.568	0.428	0.602
	870613013	兆欧表	台班	0.030	0.030	0.030	0.030
	873150102	对讲机（一对）	台班	0.454	0.568	0.428	0.602

工作内容： 清点、运输、安装固定、校接线、常规检查、单元检查、系统试验。　　**计量单位：** 套

编　号				6-4-69	6-4-70	6-4-71	6-4-72
项　目				温湿度	露点	噪声	多参数气象环保监测系统
名　称			单位	消　耗　量			
人工	000203000	综合二类工	工日	5.105	5.039	5.325	10.362
材料	022703006	细白布 宽 900	m	0.140	0.140	0.140	0.400
	341304005	位号牌	个	1.000	1.000	1.000	5.000
	850103006	其他材料费（占材料费）	%	5.000	5.000	5.000	5.000
机械	873174013	铭牌打印机	台班	0.012	0.012	0.012	0.060
	873112061	精密交直流稳压电源	台班	0.274	0.216	0.176	—
	870699160	多功能信号校验仪	台班	0.274	0.216	0.176	0.538
	870613023	手持式万用表	台班	0.470	0.370	0.302	0.922
	873114001	数字电压表	台班	0.392	0.308	0.252	0.768
	870613013	兆欧表	台班	0.030	0.030	0.030	0.030
	873150102	对讲机（一对）	台班	0.392	0.308	0.252	0.768

七、多参数水质分析仪

工作内容：运输、取样、电极、探测器、传感器安装、数据处理及控制设备安装检查、调整、功能测试、系统试验。

计量单位：套

编号				6-4-73
项目				多参数水质分析仪
名称			单位	消耗量
人工	000203000	综合二类工	工日	10.283
材料	341304005	位号牌	个	1.000
	850103002	校验材料费	元	30.000
	850103006	其他材料费（占材料费）	%	5.000
机械	873174013	铭牌打印机	台班	0.012
	871640025	多功能校验仪	台班	1.352
	870613023	手持式万用表	台班	1.521
	873114001	数字电压表	台班	1.423
	873174001	编程器	台班	1.200
	873150102	对讲机（一对）	台班	1.200

第五章

安全、视频及控制系统

说　　明

一、本章内容包括安全监测装置、工业电视和视频监控系统、远动装置、顺序控制装置、信号报警装置、数据采集及巡回报警装置。

1. 安全监测装置：包括可燃、有毒气体报警装置、火焰监视器、自动点火装置、燃烧安全保护装置、漏油检测装置、高阻检漏装置、粉尘布袋检漏装置。

2. 工业电视及视频监控系统：包括摄像机及附属设备、显示器和辅助设备安装试验，大屏幕显示墙和模拟屏安装、检查、试验，视频监控系统及设备安装、试验。大屏幕显示墙与模拟屏的区分：大屏幕显示墙，主要用于过程监视系统，接收视频数字信号，使用计算机进行控制，显示图文信息、可外接 DVD 等设备，可全天候安装。模拟屏主要用于生产装置和能源管理、调度等，分散控制多路智能驱动盒，形成主从结构分布式控制，要求比较严格。模拟屏主要接收开关信号和数字信号，室内安装。

3. 远动装置：包括计算机数据处理、控制、采集、自诊断、打印功能、远动四遥（遥测、遥信、遥调、遥控）试验。

4. 顺序控制装置：包括继电联锁保护系统、逻辑监控装置、可编程逻辑监控装置安装试验。可编程逻辑控制器应执行本册工业计算机章节相关项目。

5. 信号报警装置：包括继电线路报警系统、微机多功能报警装置、闪光报警器、继电器箱、柜及报警装置组件、元件安装试验。

二、本章包括以下工作内容：

1. 技术机具准备、开箱、设备清点、搬运；单体调试、安装、固定、挂牌、校接线、接地、接地电阻测试、常规检查、系统模拟试验、配合单机试运转、记录整理。

2. 大屏幕显示墙和模拟屏配合安装，所有安装材料和设备由供货商提供，配合供货商试验，进行单元检查，逻辑预演和报警功能、微机闭锁功能等功能检查试验和系统试运行。

3. 远动装置：过程 I/O 点试验、信息处理、单元检查、基本功能（画面显示报警等）、设定功能测试、自检功能测试、打印、制表、遥测、遥控、遥信、遥调功能及接口模块测试；以远动装置为核心的被控与控制端及操作站监视、变换器及输出驱动继电器整套系统运行调整。

4. 顺序控制装置：联锁保护系统线路检查、设备元件检查调整；逻辑监控系统、输入输出信号检查、功能检查排错、设定动作程序；与其他专业配合进行联锁模拟试验及系统运行等。

5. 闪光报警装置：单元检查、功能检查、程序检查、自检、排错。

6. 火焰检测系统：探头、检出器、灭火保护电路安装调试。

7. 固定点火装置：电源、激磁、连接导线、火花塞安装；自动点火装置顺序逻辑控制和报警系统安装调试。

8. 可燃气体报警和多点气体报警包括探头和报警器整体安装、调试。

9. 继电器箱、柜安装、固定、校接线、接地及接地电阻测定。

10. 粉尘布袋检漏仪由外部设备、控制单元，传感器装置组成，包括安装，单元检查、系统调试。

三、本章不包括以下工作内容：

1. 计算机控制的机柜、台柜、外部设备安装。

2. 支架、支座制作安装执行本册第六章相关项目。

3. 为远动装置、信号报警装置、顺序控制装置、数据采集、巡回报警装置提供输入输出信号的现场仪表安装调试。

4. 漏油检测装置排空管、溢流管、沟槽开挖、水泥盖板制作安装、流入管埋设。

四、相关说明：

1. 视频监控系统摄像机安装区分为通用摄像机、防爆摄像机、无线网络摄像机、水下安装摄像机。摄像机应与显示器及配置辅助设备组成一套。无线网络摄像机路由器和交换机安装，应执行本册相应项目。

2. 报警盘、点火盘箱安装及检查接线，应执行继电器箱盘安装相应项目；组件箱柜、机箱柜安装及检查接线，应执行本章相应项目。

工程量计算规则

一、成套装置安装，应分别以“套”“系统”为计量单位。

二、燃烧安全保护装置、火焰监视装置、漏油装置、高阻检漏装置及自动点火装置包括现场安装和成套调试，分别以“套”为计量单位。

三、视频监控系统摄像机安装，应区分通用摄像机、防爆摄像机、无线网络摄像机、水下安装摄像机安装，分别以“台”为计量单位。

四、大屏幕显示墙和模拟屏工程量计算：大屏幕显示墙包括配合安装和试验，以“m^2”为计量单位；模拟屏配合安装分为柜式和壁式安装方式，包括校接线，以“m^2”为计量单位。模拟屏装置试验包括整套系统试验和运行，应区分信号输入点数不同，分别以“套”为计量单位。

五、远动装置包括以计算机为核心的被控与控制端、操作站整套调试，工程量计算，按过程点输入点和输出点的数量，分别以“套”为计量单位。

六、在顺序控制装置中，继电联锁保护系统由接线连接，按事故接点数，分别以“套”为计量单位；可编程逻辑监控装置和插件式逻辑监控装置带微芯片，是智能型的，采用软连接，按容量I/O点，分别以“套”为计量单位。

七、信号报警装置中的闪光报警器，应以“台”“件”为计量单位；微机多功能报警装置按组合或扩展的报警回路或报警点，应以“套”为计量单位。

八、数据采集和巡回报警装置，按采集的过程输入点，分别以“套”为计量单位。

一、安全监测装置

工作内容：清点、单元检查、调整、安装、系统试验。 **计量单位：**套

编号				6-5-1	6-5-2	6-5-3	6-5-4
项目				可燃气体报警器	有毒气体报警装置	多点气体报警装置	火焰监视器
名称			单位	消耗量			
人工	000203000	综合二类工	工日	1.625	1.812	2.722	3.646
材料	022703006	细白布 宽 900	m	0.100	0.100	0.100	0.200
	341304005	位号牌	个	1.000	1.000	1.000	1.000
	850103006	其他材料费（占材料费）	%	5.000	5.000	5.000	5.000
机械	873174013	铭牌打印机	台班	0.012	0.012	0.012	0.012
	870699160	多功能信号校验仪	台班	0.368	0.420	0.637	—
	873112061	精密交直流稳压电源	台班	0.127	0.146	0.221	0.237
	870622105	精密标准电阻箱	台班	0.127	0.146	0.221	0.237
	870134001	电动综合校验台	台班	0.127	0.146	0.221	0.237
	870613023	手持式万用表	台班	0.368	0.420	0.637	0.695
	873114001	数字电压表	台班	0.234	0.267	0.405	0.442
	873150102	对讲机（一对）	台班	0.368	0.420	0.637	0.695
	871640025	多功能校验仪	台班	—	—	—	0.695
	870613013	兆欧表	台班	—	—	—	0.030

工作内容：清点、单元检查、调整、安装、系统试验。 **计量单位：**套

编号				6-5-5	6-5-6	6-5-7	6-5-8
项目				燃烧安全保护装置	固定式点火装置	自动点火系统	漏油检测装置
名称			单位	消耗量			
人工	000203000	综合二类工	工日	7.128	4.581	7.268	4.067
材料	022703006	细白布 宽 900	m	0.200	0.200	0.200	0.300
	341304005	位号牌	个	1.000	1.000	1.000	1.000
	850103006	其他材料费（占材料费）	%	5.000	5.000	5.000	5.000
机械	873174013	铭牌打印机	台班	0.012	0.012	0.012	0.012
	871640025	多功能校验仪	台班	1.492	1.100	1.564	0.918
	873112061	精密交直流稳压电源	台班	0.512	0.420	0.592	0.349
	870622105	精密标准电阻箱	台班	0.512	—	—	—
	870134001	电动综合校验台	台班	0.512	—	—	—
	870613023	手持式万用表	台班	1.492	1.100	1.564	0.918
	873114001	数字电压表	台班	0.947	0.699	0.993	0.583
	870613013	兆欧表	台班	0.030	0.030	0.030	0.030
	873150102	对讲机（一对）	台班	1.492	1.100	1.564	0.918
	870622055	接地电阻测试仪	台班	—	0.050	0.050	0.050

工作内容：清点、单元检查、调整、安装、系统试验。　　　　**计量单位：**套

编　号				6-5-9	6-5-10
项　目				高阻检漏装置	粉尘布袋检漏装置
名　称			单位	消　耗　量	
人工	000203000	综合二类工	工日	4.324	6.825
材料	022703006	细白布　宽 900	m	0.100	0.250
	341304005	位号牌	个	1.000	1.000
	284309003	接地线　5.5～16mm^2	m	—	1.000
	850103006	其他材料费（占材料费）	%	5.000	5.000
机械	873174013	铭牌打印机	台班	0.012	0.012
	871640025	多功能校验仪	台班	1.096	1.279
	873112061	精密交直流稳压电源	台班	0.420	0.478
	870613023	手持式万用表	台班	1.096	1.279
	873114001	数字电压表	台班	0.696	0.812
	870613013	兆欧表	台班	0.030	0.030
	870622055	接地电阻测试仪	台班	0.050	0.050
	873150102	对讲机（一对）	台班	1.096	1.279

二、工业电视和视频监控系统

1. 工　业　电　视

工作内容：清点、安装、接线、常规检查、单元检查、功能检查、挂牌。　　　　**计量单位：**台

编　号				6-5-11	6-5-12	6-5-13	6-5-14
项　目				摄像机安装（高度 m 以内）			
				3	9	20	30
名　称			单位	消　耗　量			
人工	000203000	综合二类工	工日	0.740	0.792	0.938	1.001
材料	022703006	细白布　宽 900	m	0.100	0.100	0.150	0.200
	341304005	位号牌	个	1.000	1.000	1.000	1.000
	850103006	其他材料费（占材料费）	%	5.000	5.000	5.000	5.000
机械	990512010	平台作业升降车　9m	台班	0.080	0.080	—	—
	873174013	铭牌打印机	台班	0.012	0.012	0.012	0.012
	870613023	手持式万用表	台班	0.021	0.021	0.021	0.021
	873114001	数字电压表	台班	0.013	0.013	0.013	0.013
	873150102	对讲机（一对）	台班	0.035	0.037	0.040	0.041

工作内容：清点、安装、接线、常规检查、单元检查、功能检查、挂牌。 计量单位：台

编号				6-5-15	6-5-16	6-5-17	6-5-18
项目				摄像机安装（高度 m 以内）			摄像机水下安装
				40	60	每增 1m	
名称			单位	消耗量			
人工	000203000	综合二类工	工日	1.096	1.180	0.033	1.285
材料	022703006	细白布 宽 900	m	0.200	0.200	—	0.200
材料	341304005	位号牌	个	1.000	1.000	—	1.000
材料	850103006	其他材料费（占材料费）	%	5.000	5.000	—	5.000
机械	873174013	铭牌打印机	台班	0.012	0.012	—	0.012
机械	870613023	手持式万用表	台班	0.021	0.021	—	0.021
机械	873114001	数字电压表	台班	0.013	0.013	—	0.013
机械	873150102	对讲机（一对）	台班	0.043	0.045	—	0.047

工作内容：清点、安装、接线、常规检查、单元检查、功能检查、挂牌。 计量单位：台

编号				6-5-19	6-5-20	6-5-21	6-5-22
项目				防爆摄像机（高度 m）		无线网络摄像机（高度 m 以内）	
				20m 以内	20m 以上	9	每增 1m
名称			单位	消耗量			
人工	000203000	综合二类工	工日	1.122	1.206	0.718	0.023
材料	022703006	细白布 宽 900	m	0.250	0.250	—	—
材料	341304005	位号牌	个	1.000	1.000	1.000	—
材料	850103006	其他材料费（占材料费）	%	5.000	5.000	5.000	5.000
机械	990512010	平台作业升降车 9m	台班	0.080	—	0.080	—
机械	873174013	铭牌打印机	台班	0.012	0.012	0.012	—
机械	870613023	手持式万用表	台班	0.021	0.021	0.032	—
机械	873114001	数字电压表	台班	0.013	0.013	0.010	—
机械	873150102	对讲机（一对）	台班	0.043	0.045	0.046	—
机械	871640025	多功能校验仪	台班	—	—	0.032	—
机械	870199011	笔记本电脑	台班	—	—	0.032	—

工作内容：清点、安装、接线、常规检查、单元检查、功能检查、挂牌。　　**计量单位：**台

编号				6-5-23	6-5-24	6-5-25	6-5-26	6-5-27
项目				摄象机附属设备安装				
				附照明	附吹扫装置	附冷却装置	防护罩	附电动转台
名称			单位	消耗量				
人工	000203000	综合二类工	工日	0.442	0.662	1.011	0.495	0.862
材料	181625019	仪表接头	套	—	（3.000）	（4.000）	—	—
	022703006	细白布 宽 900	m	0.100	0.100	0.200	—	0.200
	142909001	氧气	m^3	—	0.078	0.104	—	—
	142907002	乙炔气	kg	—	0.030	0.040	—	—
	031301023	碳钢气焊条（综合）	kg	—	0.080	0.100	—	—
	340203007	聚四氟乙烯生料带（综合）	m	—	1.000	1.000	—	—
	850103006	其他材料费（占材料费）	%	5.000	5.000	5.000	5.000	5.000
机械	870613023	手持式万用表	台班	0.046	—	—	—	0.110
	870613013	兆欧表	台班	—	—	—	—	0.030
	873114001	数字电压表	台班	—	—	—	—	0.110
	873150102	对讲机（一对）	台班	—	—	—	—	0.110

工作内容：清点、安装、接线、常规检查、单元检查、功能检查、挂牌。　　**计量单位：**见表

编号				6-5-28	6-5-29	6-5-30	6-5-31	6-5-32	6-5-33
项目				显示器安装调试			大屏幕组合显示墙	模拟屏装置安装	
				台装	棚顶吊装	盘装		柜式	壁式
单位				台			m^2		
名称			单位	消耗量					
人工	000203000	综合二类工	工日	1.379	1.874	1.506	0.858	0.655	0.675
材料	020907001	清洁布 250×250	块	0.500	0.500	0.500	—	1.000	1.000
	284309003	接地线 5.5～16mm^2	m	—	—	—	0.150	0.500	0.150
	022703006	细白布 宽 900	m	—	—	—	0.100	—	—
	850103006	其他材料费（占材料费）	%	5.000	5.000	5.000	5.000	5.000	5.000
机械	873110045	电视信号发生器	台班	0.203	0.203	0.203	—	—	—
	873112061	精密交直流稳压电源	台班	0.150	0.150	0.150	—	—	—
	870134001	电动综合校验台	台班	0.150	0.150	0.150	—	—	—
	870613023	手持式万用表	台班	0.567	0.567	0.567	0.099	0.021	0.021
	873114001	数字电压表	台班	0.567	0.567	0.567	—	—	—
	873150102	对讲机（一对）	台班	0.523	0.534	0.524	0.058	0.010	0.010
	870622055	接地电阻测试仪	台班	—	—	—	0.005	0.020	0.005
	870199011	笔记本电脑	台班	—	—	—	0.058	0.050	0.050

工作内容：清点、安装、接线、常规检查、单元检查、功能检查、挂牌。 **计量单位：**套

编号				6-5-34	6-5-35	6-5-36	6-5-37	6-5-38
项目				模拟屏装置试验（信号输入点以内）				
				20	80	120	180	每增4点
名称			单位	消耗量				
人工	000203000	综合二类工	工日	0.765	3.061	4.592	6.886	0.138
机械	870613023	手持式万用表	台班	0.115	0.458	0.688	1.031	0.021
	873114001	数字电压表	台班	0.092	0.367	0.550	0.825	0.017
	870699160	多功能信号校验仪	台班	0.069	0.275	0.413	0.619	0.012
	870199011	笔记本电脑	台班	0.144	0.578	0.866	1.299	0.026
	873150102	对讲机（一对）	台班	0.144	0.578	0.866	1.299	0.026

工作内容：清点、安装、接线、常规检查、单元检查、功能检查、挂牌。 **计量单位：**台

编号				6-5-39	6-5-40	6-5-41	6-5-42
项目				辅助设备安装			
				操作器	2路分配器	6路分配器	补偿器
名称			单位	消耗量			
人工	000203000	综合二类工	工日	0.176	0.220	0.462	0.199
机械	870613023	手持式万用表	台班	0.023	0.038	0.060	0.038
	873114001	数字电压表	台班	0.023	0.038	0.060	0.038
	873150102	对讲机（一对）	台班	0.021	0.035	0.055	0.035

工作内容：清点、安装、接线、常规检查、单元检查、功能检查、挂牌。 **计量单位：**台

编号				6-5-43	6-5-44	6-5-45
项目				辅助设备安装		
				切换器	云台控制器	解码器
名称			单位	消耗量		
人工	000203000	综合二类工	工日	0.265	0.761	0.209
机械	870613023	手持式万用表	台班	0.038	0.189	0.038
	873114001	数字电压表	台班	0.038	0.189	0.038
	873150102	对讲机（一对）	台班	0.035	0.173	0.035

2. 视频监控系统

工作内容：准备、单元检查、功能检查、系统试验。 **计量单位：**台

编号				6-5-46	6-5-47	6-5-48	6-5-49
项目				视频监控计算机	矩阵切换器		画面分割处理器
					4路	每增4路	
名称			单位	消耗量			
人工	000203000	综合二类工	工日	2.454	0.760	0.433	1.812
机械	871640025	多功能校验仪	台班	1.013	—	—	—
	870613023	手持式万用表	台班	0.945	0.158	0.095	0.315
	873114001	数字电压表	台班	0.945	0.158	0.095	0.315
	873150102	对讲机（一对）	台班	0.750	0.125	0.075	0.250

工作内容：准备、单元检查、功能检查、系统试验。　　**计量单位：**见表

编号				6-5-50	6-5-51	6-5-52	6-5-53	6-5-54	6-5-55
项目				视频监控系统调试			投影显示器	视频录像（记录）装置	
				4路	9路	16路		单路	多路
单位				套			台	套	
名称			单位	消耗量					
人工	000203000	综合二类工	工日	6.244	9.795	14.080	1.155	3.374	4.542
机械	871640025	多功能校验仪	台班	1.261	1.979	2.844	—	—	—
	870613023	手持式万用表	台班	1.071	1.680	2.415	0.126	0.210	0.420
	873114001	数字电压表	台班	1.071	1.680	2.415	0.126	0.210	0.420
	873150102	对讲机（一对）	台班	0.850	1.333	1.917	0.100	0.167	0.333

三、远动装置

工作内容：常规检查、基本功能试验、接收功能试验、接口模块、通信功能、设定、打印、制表、系统运行、在线回路试验。　　**计量单位：**套

编号				6-5-56	6-5-57	6-5-58	6-5-59	6-5-60	6-5-61
项目				遥测遥信（输入 AI/DI/PI 点以内）					
				8	16	32	64	128	256
名称			单位	消耗量					
人工	000203000	综合二类工	工日	5.302	8.164	13.104	18.672	23.633	28.795
机械	871640025	多功能校验仪	台班	1.323	2.036	3.269	4.657	5.895	7.182
	870613023	手持式万用表	台班	1.852	2.851	4.576	6.520	8.253	10.055
	873114001	数字电压表	台班	1.587	2.444	3.922	5.589	7.074	8.619
	873150102	对讲机（一对）	台班	1.852	2.851	4.576	6.520	8.253	10.055

工作内容：常规检查、基本功能试验、接收功能试验、接口模块、通信功能、设定、打印、制表、系统运行、在线回路试验。　　**计量单位：**套

编号				6-5-62	6-5-63	6-5-64	6-5-65
项目				遥测遥信（输入 AI/DI/PI 点以内）			
				320	400	512	每增 8 点
名称			单位	消耗量			
人工	000203000	综合二类工	工日	32.641	37.006	42.747	0.331
机械	871640025	多功能校验仪	台班	8.142	9.231	10.663	0.124
	870613023	手持式万用表	台班	11.399	12.923	14.928	0.115
	873114001	数字电压表	台班	9.770	11.077	12.795	0.099
	873150102	对讲机（一对）	台班	11.399	12.923	14.928	0.115

工作内容： 常规检查、基本功能试验、接收功能试验、接口模块、通信功能、设定、打印、制表、系统运行、在线回路试验。

计量单位：套

编号				6-5-66	6-5-67	6-5-68	6-5-69	6-5-70	6-5-71
项目				遥调遥控（输出 AO/DO 点以内）					
				4	8	16	32	64	80
名称			单位	消耗量					
人工	000203000	综合二类工	工日	5.774	9.562	13.869	18.412	22.579	27.674
机械	871640025	多功能校验仪	台班	1.440	2.385	3.460	4.592	5.632	6.903
	870613023	手持式万用表	台班	2.016	3.339	4.843	6.429	7.884	9.664
	873114001	数字电压表	台班	1.440	2.385	3.460	4.592	5.632	6.903
	873150102	对讲机（一对）	台班	2.016	3.339	4.843	6.429	7.884	9.664

四、顺序控制装置

工作内容： 常规检查、校接线、继电线路检查、单元检查、功能检查试验、排错、程序运行、系统模拟试验。

计量单位：套

编号				6-5-72	6-5-73	6-5-74	6-5-75
项目				继电联锁系统（事故点以内）		插件式逻辑监控装置（点以内）	
				6	16	32	64
名称			单位	消耗量			
人工	000203000	综合二类工	工日	3.226	10.387	10.049	16.113
材料	093301001	真丝绸布 宽 900	m	0.050	0.080	—	—
	031102005	铁砂布 0#～2#	张	0.400	2.000	—	—
	290697001	线号套管（综合）	m	0.100	0.200	0.350	0.580
	143303001	酒精	kg	0.080	0.150	—	—
	284309003	接地线 5.5～16mm^2	m	—	—	1.500	1.500
	020907001	清洁布 250×250	块	—	—	1.000	1.000
	850103006	其他材料费（占材料费）	%	5.000	5.000	5.000	5.000
机械	873174017	线号打印机	台班	0.005	0.015	0.019	0.031
	870613023	手持式万用表	台班	0.684	2.228	1.948	3.118
	873114001	数字电压表	台班	0.489	1.592	1.199	1.919
	873150102	对讲机（一对）	台班	0.489	1.592	1.888	3.022
	870699160	多功能信号校验仪	台班	—	—	1.888	3.022
	870622055	接地电阻测试仪	台班	—	—	0.050	0.050

工作内容：常规检查、校接线、继电线路检查、单元检查、功能检查试验、排错、程序运行、系统模拟试验。

计量单位：套

编号				6-5-76	6-5-77	6-5-78
项目				可编程逻辑监控装置（I/O 点以内）		
				16	32	64
		名称	单位	消耗量		
人工	000203000	综合二类工	工日	4.826	7.767	12.581
材料	284309003	接地线 5.5～16mm^2	m	1.500	1.500	1.500
	020907001	清洁布 250×250	块	1.000	1.000	1.000
	290697001	线号套管（综合）	m	0.150	0.350	0.550
	850103006	其他材料费（占材料费）	%	5.000	5.000	5.000
机械	873174017	线号打印机	台班	0.014	0.026	0.040
	870699160	多功能信号校验仪	台班	0.845	1.325	2.170
	870613023	手持式万用表	台班	0.872	1.367	2.238
	873114001	数字电压表	台班	0.536	0.841	1.377
	870622055	接地电阻测试仪	台班	0.050	0.050	0.050
	873150102	对讲机（一对）	台班	0.845	1.325	2.170

五、信号报警装置

工作内容：校接线、线路检查、报警模拟试验、排错。

计量单位：套

编号				6-5-79	6-5-80	6-5-81	6-5-82	6-5-83
项目				继电线路报警系统（报警点点以内）				
				4	10	20	30	每增 2 点
		名称	单位	消耗量				
人工	000203000	综合二类工	工日	1.578	3.026	4.886	6.287	0.226
材料	093301001	真丝绸布 宽 900	m	0.040	0.070	0.100	0.150	0.010
	280301003	铜芯塑料绝缘电线 BV-1.5mm^2	m	0.500	1.000	2.000	3.000	0.500
	143303001	酒精	kg	0.050	0.100	0.250	0.400	0.030
	031102005	铁砂布 0$^\#$～2$^\#$	张	0.050	1.000	1.500	2.000	0.200
	290697001	线号套管（综合）	m	0.090	0.120	0.250	0.450	0.060
	850103006	其他材料费（占材料费）	%	5.000	5.000	5.000	5.000	5.000
机械	873174017	线号打印机	台班	0.007	0.007	0.014	0.022	0.002
	873112061	精密交直流稳压电源	台班	0.163	0.362	0.564	0.697	0.017
	870613023	手持式万用表	台班	0.217	0.475	0.742	0.920	0.023
	873114001	数字电压表	台班	0.072	0.158	0.247	0.307	0.008
	873150102	对讲机（一对）	台班	0.199	0.435	0.681	0.844	0.021

工作内容： 校接线、线路检查、报警模拟试验、排错。 **计量单位：** 套

编号				6-5-84	6-5-85	6-5-86	6-5-87
项目				微机多功能组件式报警装置（报警点以内）			
				4	8	16	24
名称			单位	消耗量			
人工	000203000	综合二类工	工日	1.192	2.280	3.702	5.662
材料	284309003	接地线 5.5～16mm²	m	1.000	1.500	1.500	1.500
	280301003	铜芯塑料绝缘电线 BV-1.5mm²	m	0.500	2.000	3.000	4.000
	290697001	线号套管（综合）	m	0.040	0.100	0.180	0.260
	020907001	清洁布 250×250	块	0.500	1.000	1.000	1.000
	850103006	其他材料费（占材料费）	%	5.000	5.000	5.000	5.000
机械	873174017	线号打印机	台班	0.020	0.039	0.068	0.124
	870699160	多功能信号校验仪	台班	0.185	0.352	0.563	0.818
	873112061	精密交直流稳压电源	台班	0.108	0.206	0.328	0.475
	870134001	电动综合校验台	台班	0.108	0.206	0.328	0.475
	870613023	手持式万用表	台班	0.176	0.336	0.536	0.779
	873114001	数字电压表	台班	0.117	0.224	0.357	0.520
	870622055	接地电阻测试仪	台班	0.050	1.050	2.050	3.050
	873150102	对讲机（一对）	台班	0.141	0.269	0.429	0.623

工作内容： 校接线、线路检查、报警模拟试验、排错。 **计量单位：** 套

编号				6-5-88	6-5-89	6-5-90	6-5-91
项目				微机多功能组件式报警装置（报警点以内）			
				40	48	64	容量扩展（每增 4 点）
名称			单位	消耗量			
人工	000203000	综合二类工	工日	8.287	9.540	13.000	0.632
材料	284309003	接地线 5.5～16mm²	m	1.500	1.500	1.500	—
	280301003	铜芯塑料绝缘电线 BV-1.5mm²	m	3.000	3.000	4.000	0.500
	290697001	线号套管（综合）	m	0.400	0.500	0.680	0.040
	020907001	清洁布 250×250	块	1.000	1.000	1.000	1.000
	850103006	其他材料费（占材料费）	%	5.000	5.000	5.000	5.000
机械	873174017	线号打印机	台班	0.044	0.053	0.079	0.002
	870699160	多功能信号校验仪	台班	1.465	1.658	2.172	0.133
	873112061	精密交直流稳压电源	台班	0.640	0.723	0.942	0.059
	870134001	电动综合校验台	台班	0.640	0.723	0.942	0.059
	870613023	手持式万用表	台班	1.059	1.199	1.570	0.096
	873114001	数字电压表	台班	0.883	0.999	1.309	0.080
	870622055	接地电阻测试仪	台班	0.050	0.050	0.050	—
	873150102	对讲机（一对）	台班	0.847	0.959	1.256	0.077

工作内容：校接线、线路检查、报警模拟试验、排错。　　**计量单位：**套

编号				6-5-92	6-5-93	6-5-94	6-5-95
项目				微机自容式报警装置（12点）	单回路闪光报警器（报警回路或点）		八回路闪光报警器
					1点	每增1点	
		名称	单位	消耗量			
人工	000203000	综合二类工	工日	5.441	0.345	0.119	1.560
材料	280301003	铜芯塑料绝缘电线 BV-1.5mm²	m	1.000	1.000	0.050	3.000
	284309003	接地线 5.5～16mm²	m	1.500	—	—	—
	290697001	线号套管（综合）	m	0.300	0.060	0.040	0.200
	020907001	清洁布 250×250	块	1.000	—	—	0.100
	850103006	其他材料费（占材料费）	%	5.000	5.000	5.000	5.000
机械	873174017	线号打印机	台班	0.027	0.001	0.001	0.008
	870699160	多功能信号校验仪	台班	1.082	—	—	—
	873112061	精密交直流稳压电源	台班	0.389	0.026	0.005	0.108
	870134001	电动综合校验台	台班	0.389	0.026	0.005	0.108
	870622055	接地电阻测试仪	台班	0.050	—	—	—
	870613023	手持式万用表	台班	0.901	0.061	0.012	0.251
	873114001	数字电压表	台班	0.721	0.049	0.010	0.201
	873150102	对讲机（一对）	台班	0.721	0.058	0.012	0.241

工作内容：校接线、线路检查、报警模拟试验、排错。　　**计量单位：**台（个）

编号				6-5-96	6-5-97	6-5-98	6-5-99	6-5-100	6-5-101
项目				报警装置柜、箱及组件、元件					
				继电器柜	继电器箱	组件机箱	电源装置	可编程多音蜂鸣器	报警器、音响元件
		名称	单位	消耗量					
人工	000203000	综合二类工	工日	5.560	3.477	1.334	1.013	1.036	0.274
材料	031509005	垫铁	kg	1.500	—	—	—	—	—
	280301003	铜芯塑料绝缘电线 BV-1.5mm²	m	8.000	4.000	1.000	4.000	2.000	1.000
	284309003	接地线 5.5～16mm²	m	1.500	1.500	1.500	1.500	—	—
	290697001	线号套管（综合）	m	1.000	0.500	0.100	0.080	0.100	0.050
	093301001	真丝绸布 宽 900	m	0.100	0.100	0.100	0.050	0.050	0.030
	143303001	酒精	kg	0.300	0.100	0.200	—	—	—
	341304005	位号牌	个	—	1.000	—	1.000	1.000	1.000
	850103006	其他材料费（占材料费）	%	5.000	5.000	5.000	5.000	5.000	5.000
机械	873112061	精密交直流稳压电源	台班	—	—	—	—	0.150	0.009
	870134001	电动综合校验台	台班	—	—	—	—	0.150	0.009
	873150102	对讲机（一对）	台班	—	—	—	—	0.137	0.012
	873174017	线号打印机	台班	0.093	0.058	0.022	0.017	0.007	0.004
	870613023	手持式万用表	台班	0.112	0.070	0.027	0.020	0.171	0.015
	873114001	数字电压表	台班	0.075	0.047	0.018	0.014	0.114	0.010
	870613013	兆欧表	台班	0.030	0.030	—	0.030	—	—
	870622055	接地电阻测试仪	台班	0.050	0.050	0.050	0.050	—	—
	873174013	铭牌打印机	台班	—	0.012	—	0.012	0.012	0.012

六、数据采集及巡回检测报警装置

工作内容：安装、固定、单元检查、功能检查、系统试验。 **计量单位：**套

编号				6-5-102	6-5-103	6-5-104	6-5-105
项目				过程点（I/O 点以内）			
				20	40	60	100
名称			单位	消耗量			
人工	000203000	综合二类工	工日	2.085	2.945	3.085	4.499
机械	871640025	多功能校验仪	台班	0.522	0.795	0.839	1.288
	873112061	精密交直流稳压电源	台班	0.208	0.318	0.336	0.518
	870134001	电动综合校验台	台班	0.138	0.212	0.224	0.345
	873114001	数字电压表	台班	0.522	0.795	0.839	1.288
	870613023	手持式万用表	台班	0.522	0.795	0.839	1.288
	873150102	对讲机（一对）	台班	0.719	1.016	1.064	1.552

工作内容：安装、固定、单元检查、功能检查、系统试验。 **计量单位：**套

编号				6-5-106	6-5-107	6-5-108	6-5-109
项目				过程点（I/O 点以内）			
				200	300	400	600
名称			单位	消耗量			
人工	000203000	综合二类工	工日	5.901	7.655	11.716	15.426
机械	871640025	多功能校验仪	台班	1.907	2.519	3.937	5.233
	873112061	精密交直流稳压电源	台班	0.698	0.923	1.444	1.920
	870134001	电动综合校验台	台班	0.512	0.677	1.059	1.408
	870613023	手持式万用表	台班	1.907	2.519	3.937	5.233
	873114001	数字电压表	台班	1.362	1.799	2.812	3.738
	873150102	对讲机（一对）	台班	1.866	2.421	3.705	4.879

七、补 充 项 目

1. 周界红外围栏报警

工作内容：清点、单元检查、调整、安装、系统试验。 **计量单位：**套

编 号				6-5-110
项 目				周界红外围栏报警
名 称			单位	消 耗 量
人工	000203000	综合二类工	工日	1.620
材料	030105052	六角螺栓 M10×20～50	套	2.040
	022703006	细白布 宽 900	m	0.100
	341304005	位号牌	个	1.000
	171900002	金属软管（综合）	m	1.000
	850103006	其他材料费（占材料费）	%	5.000
机械	873174013	铭牌打印机	台班	0.012
	870699160	多功能信号校验仪	台班	0.375
	870613023	手持式万用表	台班	1.000

2. 继电连锁系统

工作内容：常规检查、校接线、继电线路检查、单元检查、功能检查试验、排错、程序运行、系统模拟试验。 **计量单位：**套

编 号				6-5-111	6-5-112
项 目				事故点（点以内）	
				20	30
名 称			单位	消 耗 量	
人工	000203000	综合二类工	工日	13.251	21.840
材料	860150013	顺序控制装置	套	（1.000）	（1.000）
	093301001	真丝绸布 宽 900	m	0.300	0.400
	031102005	铁砂布 0#～2#	张	2.000	2.500
	290697001	线号套管（综合）	m	0.320	0.480
	031303021	松香焊锡丝 $\phi2$	m	0.100	0.200
	143303002	酒精 工业用 99.5%	kg	0.150	0.250
	341103001	电	kW·h	0.200	0.350
	850103002	校验材料费	元	30.150	51.470
	850103005	其他材料费	元	0.460	0.640
机械	873174017	线号打印机	台班	0.180	0.270
	873150102	对讲机（一对）	台班	0.972	1.695
	870613023	手持式万用表	台班	1.755	2.940
	873114002	数字电压表	台班	1.695	2.859

第六章

综合自动化系统安装与试验

说　明

一、本章内容包括综合自动化系统安装、管理系统试验、远程监控和数据采集系统（SCADA）试验、综合控制系统硬件检查试验、综合控制系统软件功能试验。

1. 综合自动化系统安装：包括机柜、台柜、外部设备安装、网络设备安装。

2. 管理系统试验：包括经营管理计算机硬件及软件功能试验、过程监控计算机硬件调试和软件功能试验。

3. 远程监控和数据采集系统（SCADA）试验：包括监控中心、监控和数据采集站点。

4. 综合控制系统硬件检查试验：包括固定和可编程仪表安装试验、现场总线仪表安装试验；控制站、数据采集站、监视站、可编程逻辑控制器、工程技术站、操作站、双机切换装置硬件检查试验。

5. 综合控制系统软件功能试验：包括集散控制系统（DCS）试验、可编程逻辑控制器（PLC）试验、仪表安全系统试验（SIS）、工控计算机 IPC 系统检查试验、现场总线试验、网络系统检查测试、综合控制系统与其他设备接口试验、在线回路试验。

二、本章包括以下工作内容：

1. 综合控制系统机柜安装：准备、开箱、清点、运输、就位、设备元件检查、风机温控，电源部分检查，自检及校接线、外部设备功能测试、接地、安装检查记录等。

2. 管理系统调试：硬件检查试验包括技术准备、常规检查、输入输出通道检查；软件试验包括软件装载、复原、时钟调整和中断检查、功能检查处理、保护功能及可靠性、可维护性检查和综合检查；此外，还包括生产计划平衡、物料跟踪、生产实绩信息、调度指挥、仓库管理、技术信息、指令下达、管理优化及通信功能等主程序及子程序运行、测试、排错、检查试验记录。

3. 监控计算机系统：硬件试验包括系统装载、复原、常规检查、可靠可维护性、与上级及基础自动化接口模块检查等；软件系统包括生产数据信息处理、数据库管理、生产过程监控、数学模型实现、生产实绩、故障自诊及排障、质量保证、最优控制实现和实时运行、排错。

4. 综合控制系统硬件检查试验：常规检查、通电状态检查、显示记录控制仪表调试等。

5. 综合控制系统软件检查试验：程序装载、输入输出插卡校准和试验、操作功能、组态内容或程序检查、应用功能检查、冗余功能、控制方案、离线系统试验。

6. 网络系统试验：参数设置、安全设置、维护功能、传输距离、冗余功能、优先权通信试验、接口、总线服务器、网桥、总线电源、电源阻抗器、网络系统联校等。无线数据传输网络试验内容主要测试无线网络信号测控点的连接、信号接收和发送、信号抗干扰性能，数据包是否丢失等功能。

7. 在线回路试验：现场加信号经安全栅至基础自动化装置进行控制、操作、显示静态模拟试验。

三、本章不包括以下工作内容：

1. 支架、支座、基础安装与制作。

2. 控制室空调、照明和防静电地板安装、场地消磁。

3. 软件生成或系统组态。

4. 设备因质量问题的修、配、改。

四、相关说明：

1. 综合控制系统硬件标准机柜尺寸为（600～900）×800×（2000～2200）mm（宽×深×高）以内，其他为非标准。操作显示台柜为大尺寸专用台柜，包括台上计算机及附件，工控计算机台柜为普通操作台，安装包括台上 PC 计算机。

2. 综合控制系统应是合格的硬件和成熟的软件，对需要拆除后再进行安装的旧设备的安装试验应另计工程量。

3. 综合自动化系统安装试验项目使用说明：

（1）综合自动化系统安装试验计算工程量时应按所承担的工作内容选取。

（2）在线回路试验是指在现场加模拟信号经安全栅至控制室进行的静态模拟回路试验。

（3）DCS 主要用于模拟量的连续多功能控制，并包括顺控功能。

（4）PLC 主要用于顺序控制，目前 PLC 也具有 DCS 功能，并且两者功能相互结合。工程量计算仍以 PLC 的主要功能为基准，执行 PLC 相应项目。

（5）IPC 系统是运行在 WindowsNT 的环境下的独立控制系统，具有广泛的软硬件支持，系统构成灵活，工程量计算按过程 I/O 点。IPC 系统试验适用于直接数字控制系统（DDC）试验。

（6）现场总线 FCS 是基金会现场总线（FF），按“套”以节点数计算工程量。FF 现场总线按传输速率不同，有两种物理层标准，定额项目是按 32 节点和 124 节点以下区分，节点为总线仪表或其他智能设备。现场总线控制系统试验内容包括服务器和网桥功能，可接局域网，并通过网桥互联。现场总线仪表具有网络主站的功能、PID 功能并兼有通信等多种功能，与智能仪表不同，是小型计算机，安装和试验，以“台”计算。

（7）远程监控和数据采集系统是独立系统，以 SCADA 系统作为编制依据，包括三大部分：

①分布式数据采集系统（下位机系统），即现场控制站点。

②监控中心（包括服务器、工程师站、操作员站、Web 服务器等）。

③数据通信网络，包括上位机网络、下位机网络、上下位之间联系的网络。

远程监控和数据采集容量有大小，工程量计算应按上位机的数量和下位机的数量计算，上位机为监控中心，一个监控中心和所覆盖的下位机为一个系统。下位机按控制站点作为计量单位。下位机指 RTU、PLC、DCS、FCS、可编程仪表或智能仪表等。远程终端 RTU 试验执行本册远动装置相应项目。

（8）SCADA 与 DCS 和 PLC 使用的不同点在于：SCADA 软件、硬件由不同厂家的产品构建起来的，不是某一家的产品，是各用户集成的，测控点很分散，采集数据范围广，数字量采集大，控制要求不大，特指远程分布计算机测控系统。DCS 和 PLC 由不同厂商开发的产品，用于要求较高的过程控制和逻辑监控系统，可以作为 SCADA 的下位机。

（9）SCADA 与工业监控计算机区分：工业监控计算机系统主要用于过程控制的优化，是 DCS 多级控制的上位机。工程量应分别计算。

（10）仪表安全系统（SIS）是三重化（冗余）安全系统（或称紧急停车系统 ESD），是独立的系统，用于监控生产安全，以“套”为计量单位，按过程（I/O 点）计算工程量。其他，如储运监控（OMS）、压缩机组控制系统（CCS）、大型机组状态监测系统（MMS）、仪表设备管理系统（AMS）等独立的系统，都可以作为 DCS 子系统，计算接口试验，其硬件安装、硬件、软件试验可执行 PLC 或 DCS 相应项目。

4. 项目中所列的安装试验工作内容不包括设计或开发商的现场服务。

5. DCS 分为过程控制点（信息输出）和数据采集（信息输入）。过程控制按 DCS 的信息输出（OUTPUT）为一套计算，数据采集和过程监视按 DCS 的信息输入（INPUT）为一套计算；可编程逻辑控制器（PLC）按 I/O 点的数量为一套系统计算，工控计算机 IPC 系统试验，按一个独立的 IPC 系统 I/O 点的数量计算。

6. 现场总线系统网络按本章说明和所列项计算。信息传输网络硬件为双绞线、同轴电缆、光纤电缆，安装执行本册线路安装、测试相应项目。

7. 无线数据传输网络为无线局域网，用于工业自动化系统，采用无线电台组网方式，实现远程数据采集、监视与控制；无线电台、无线电台天线安装及试验，应执行本册第八章“自动化线路、通信”相应项目。

8. 经营管理计算机和监控计算机包括硬件和软件试验，工程量计算按所带终端数计算。终端是指智能设备、装置或系统，打印机、拷贝机等不作为终端。

工程量计算规则

一、综合自动化系统安装，应区分机柜、台设备安装，外部设备安装试验，网络设备安装试验，分别以“台”“半周长 m”“m”为计量单位。

二、管理系统试验应区分管理系统硬件和软件功能试验、过程监控系统硬件和软件功能试验，分别以“套”为计量单位。

三、远程监控和数据采集系统试验，以“套”为计量单位。

四、综合控制系统硬件检查试验应区分固定和可编程仪表安装试验、现场总线仪表安装试验、综合控制系统设备硬件检查试验，分别以“台”为计量单位。

五、综合控制系统软件调试，应按过程点为步距，分别以“套”为计量单位。

六、FCS 是以现场总线系统为核心的控制系统，工程量计算按总线所带节点数计算，分别以“套”作为计量单位。节点数为总线控制系统所涵盖的现场设备的台数。总线仪表以“台件”为计量单位，包括安装、单体调试、系统调试。凡可挂在现场总线上，并与之通信的智能仪表，均可以作为总线上的网络节点。

七、网络系统检查试验：按进行通信的信息“节点数”为步距，分别以“套”为计量单位。工程量计算应按系统配置情况，所共享的通信网络为一套计算，范围包括每套通信网络所能覆盖的最大距离和所能连接的最大节点数。节点指进行通信的站、设备、装置、终端等。

八、无线数据传输距离划分 3km 以内和 3km 以外，按“站”为一套作为计量单位，“站”指无线电台，工程量计算按一个无线电台为 1 套站。

九、在线回路试验划分为模拟量 I/O 点、数字量 I/O 点、脉冲 PI/PO 点，应区分过程，分别以“点”为计量单位。无线信号回路试验，以“测控点”为计量单位。测控点可以是 PLC、RTU 装置或其他智能仪表等。

十、与其他设备接口试验指与上位机、系统或装置的接口试验，按一套系统或装置作为单位。未列项目的作为其他装置计算工程量，按过程 I/O 点计算。

一、综合自动化系统安装

1. 机柜、台设备

工作内容： 清点、运输、安装就位、接地、绝缘电阻测定、安全防护、设备元件检查及校接线。

计量单位：台

编号				6-6-1	6-6-2	6-6-3	6-6-4
项目				标准系统柜	非标准系统柜	一体化操作显示报警台柜	工控机及台柜
名称			单位	消耗量			
人工	000203000	综合二类工	工日	6.263	5.733	6.483	1.059
材料	031509005	垫铁	kg	1.000	0.600	1.200	—
	284309003	接地线 5.5～16mm^2	m	3.000	1.500	3.000	1.000
	020101013	软橡胶板	m^2	0.800	0.600	0.800	—
	022703006	细白布 宽 900	m	0.100	0.100	0.100	0.200
	031102005	铁砂布 0#～2#	张	0.500	0.500	1.000	—
	143545001	清洁剂	kg	0.200	0.150	0.500	0.500
	290697001	线号套管（综合）	m	0.100	0.100	0.100	0.100
	340515001	标签纸（综合）	m	0.200	0.100	0.200	0.100
	022901002	麻绳 ϕ12	m	1.100	1.000	1.100	—
	020905001	塑料布	m^2	4.000	4.000	4.000	2.000
	850103006	其他材料费（占材料费）	%	5.000	5.000	5.000	5.000
机械	990401045	载重汽车 15t	台班	0.120	0.120	0.100	0.050
	990304024	汽车式起重机 25t	台班	0.120	0.120	0.120	—
	990305020	叉式起重机 5t	台班	0.200	0.200	0.050	—
	873174017	线号打印机	台班	0.100	0.100	0.100	0.100
	870613023	手持式万用表	台班	0.685	0.635	0.710	0.108
	870613013	兆欧表	台班	0.030	0.030	0.030	0.030
	873114001	数字电压表	台班	0.137	0.127	0.142	0.022
	870622055	接地电阻测试仪	台班	0.050	0.050	0.050	0.050

工作内容： 清点、运输、安装就位、接地、绝缘电阻测定、安全防护、设备元件检查及校接线。

计量单位： 见表

编号				6-6-5	6-6-6	6-6-7
项目				插卡柜	编组柜	机柜底座
单位				台		m
名称			单位	消耗量		
人工	000203000	综合二类工	工日	6.175	10.672	0.245
材料	011901015	基础槽（角）钢	m	—	—	（1.050）
	031509005	垫铁	kg	1.000	1.000	1.000
	284309003	接地线 5.5～16mm^2	m	1.000	1.000	—
	020101013	软橡胶板	m^2	0.800	0.800	—
	022703006	细白布 宽 900	m	0.200	0.200	—
	031102005	铁砂布 $0^{\#}$～$2^{\#}$	张	1.000	1.000	1.000
	290697001	线号套管（综合）	m	0.300	1.000	—
	340515001	标签纸（综合）	m	0.200	0.600	—
	022901002	麻绳 $\phi12$	m	1.100	1.100	—
	020905001	塑料布	m^2	4.000	4.000	—
	031301013	电焊条 L60（综合）	kg	—	—	0.100
	130505007	酚醛防锈漆	kg	—	—	0.200
	130115006	酚醛调和漆	kg	—	—	0.150
	850103006	其他材料费（占材料费）	%	5.000	5.000	5.000
机械	990401045	载重汽车 15t	台班	0.120	0.120	—
	990304024	汽车式起重机 25t	台班	0.120	0.120	—
	990305020	叉式起重机 5t	台班	0.200	0.200	—
	873174017	线号打印机	台班	0.100	0.200	—
	870613023	手持式万用表	台班	0.675	1.185	—
	870613013	兆欧表	台班	0.030	0.030	—
	873114001	数字电压表	台班	0.135	0.237	—
	870622055	接地电阻测试仪	台班	0.050	0.050	—
	990904030	直流弧焊机 20kV·A	台班	—	—	0.024

2. 外部设备安装试验

工作内容：清点、安装、接线、自检、测试。 **计量单位**：台

编号				6-6-8	6-6-9	6-6-10
项目				打印机		彩色硬拷贝机
				台式	柜式	
名称			单位	消耗量		
人工	000203000	综合二类工	工日	0.300	0.309	0.209
材料	284309003	接地线 5.5～16mm²	m	1.500	1.500	1.500
	020907001	清洁布 250×250	块	1.000	1.000	1.000
	143545001	清洁剂	kg	0.100	0.100	0.100
	340501006	复印纸 A4 500 张/包	包	0.100	0.100	0.100
	850103006	其他材料费（占材料费）	%	5.000	5.000	5.000
机械	870613023	手持式万用表	台班	0.027	0.028	0.019
	873114001	数字电压表	台班	0.014	0.014	0.010

工作内容：清点、安装、接线、自检、测试。 **计量单位**：台

编号				6-6-11	6-6-12	6-6-13
项目				打印机拷贝机选择器	扫描、传真、刻录机	编程器组态器
名称			单位	消耗量		
人工	000203000	综合二类工	工日	0.155	0.243	0.155
材料	284309003	接地线 5.5～16mm²	m	—	1.500	—
	020907001	清洁布 250×250	块	0.500	1.000	0.500
	143545001	清洁剂	kg	—	0.100	—
	340501006	复印纸 A4 500 张/包	包	—	0.040	—
	850103006	其他材料费（占材料费）	%	5.000	5.000	5.000
机械	870613023	手持式万用表	台班	0.014	0.022	0.014
	873114001	数字电压表	台班	0.007	0.011	0.007

工作内容：清点、安装、接线、自检、测试。 **计量单位**：台

编号				6-6-14	6-6-15	6-6-16	6-6-17
项目				硬盘阵列柜安装		光盘库	显示器
				柜式	台式		
名称			单位	消耗量			
人工	000203000	综合二类工	工日	1.036	0.749	0.331	0.309
材料	284309003	接地线 5.5～16mm²	m	1.500	1.500	1.500	—
	020907001	清洁布 250×250	块	1.000	1.000	1.000	1.000
	143545001	清洁剂	kg	0.200	0.200	0.100	0.100
	850103006	其他材料费（占材料费）	%	5.000	5.000	5.000	5.000
机械	870613023	手持式万用表	台班	0.094	0.068	0.030	0.028
	873114001	数字电压表	台班	0.047	0.034	0.015	0.014
	990401015	载重汽车 4t	台班	0.040	0.040	0.040	0.020
	990422010	手动液压叉车	台班	0.020	0.020	—	—

3. 网络设备安装试验

工作内容：清点、安装、校接线、常规检查、硬件检查、测试。　　　计量单位：台

编号				6-6-18	6-6-19	6-6-20	6-6-21
项目				服务器	交换机	路由器	无线路由器
名称			单位	消耗量			
人工	000203000	综合二类工	工日	2.823	1.168	0.264	0.297
机械	870613023	手持式万用表	台班	0.352	0.146	0.033	0.037
	873114001	数字电压表	台班	0.352	0.146	0.033	—
	870199011	笔记本电脑	台班	0.141	0.058	0.013	0.030

工作内容：清点、安装、校接线、常规检查、硬件检查、测试。　　　计量单位：台

编号				6-6-22	6-6-23	6-6-24	6-6-25
项目				网桥	无线网桥	中继器	无线同步模块
名称			单位	消耗量			
人工	000203000	综合二类工	工日	0.276	0.320	0.199	0.297
机械	870613023	手持式万用表	台班	0.034	0.040	0.025	0.037
	873114001	数字电压表	台班	0.034	—	0.025	0.037
	870199011	笔记本电脑	台班	0.014	0.016	0.010	0.030

工作内容：清点、安装、校接线、常规检查、硬件检查、测试。　　　计量单位：台

编号				6-6-26	6-6-27	6-6-28	6-6-29
项目				网卡	无线网卡	调制解调器	无线调制解调器
名称			单位	消耗量			
人工	000203000	综合二类工	工日	0.077	0.099	0.072	0.083
机械	870613023	手持式万用表	台班	0.014	—	0.012	—
	873114001	数字电压表	台班	0.006	—	0.005	—
	870199011	笔记本电脑	台班	—	0.015	—	0.008

二、管理系统试验

1. 管理系统硬件和软件功能试验

工作内容：常规检查、硬件检查、单元检查、功能测试、程序运行、测试、排错。 **计量单位：**套

编号				6-6-30	6-6-31	6-6-32	6-6-33
项目				管理系统硬件和软件功能试验（终端以内）			
				5	8	12	15
名称			单位	消耗量			
人工	000303000	综合三类工	工日	29.437	42.336	53.747	64.331
机械	871640025	多功能校验仪	台班	2.670	3.840	4.875	5.835
	873174001	编程器	台班	1.780	2.560	3.250	3.890
	870613023	手持式万用表	台班	3.560	5.120	6.500	7.780
	873114001	数字电压表	台班	2.670	3.840	4.875	5.835

工作内容：常规检查、硬件检查、单元检查、功能测试、程序运行、测试、排错。 **计量单位：**套

编号				6-6-34	6-6-35	6-6-36
项目				管理系统硬件和软件功能试验（终端以内）		
				20	25	25 以上
名称			单位	消耗量		
人工	000303000	综合三类工	工日	75.245	89.468	105.013
机械	871640025	多功能校验仪	台班	6.825	8.115	9.525
	873174001	编程器	台班	4.550	5.410	6.350
	870613023	手持式万用表	台班	9.100	10.820	12.700
	873114001	数字电压表	台班	6.825	8.115	9.525

2. 过程监控系统硬件和软件功能试验

工作内容：单元检查调整、功能试验、测试、排错、系统试验、运行。 **计量单位：**套

编号				6-6-37	6-6-38	6-6-39	6-6-40	6-6-41
项目				硬件试验	软件功能试验（终端以内）			
					5	8	12	15
名称			单位	消耗量				
人工	000303000	综合三类工	工日	16.537	23.483	33.571	44.485	55.567
机械	871640025	多功能校验仪	台班	3.000	4.260	6.090	8.070	10.080
	870613023	手持式万用表	台班	1.500	2.130	3.045	4.035	5.040
	873114001	数字电压表	台班	2.200	3.124	4.466	5.918	7.392
	873150102	对讲机（一对）	台班	3.500	4.970	7.105	9.415	11.760

工作内容：常规检查、硬件检查、单元检查、功能测试、程序运行、测试、排错。　　**计量单位：**套

编号				6-6-42	6-6-43	6-6-44	6-6-45
项目				软件功能试验（终端以内）			
				20	25	30	每增1个
		名称	单位	消耗量			
人工	000303000	综合三类工	工日	65.323	75.080	90.295	1.224
机械	871640025	多功能校验仪	台班	11.850	13.620	16.380	0.222
	870613023	手持式万用表	台班	5.925	6.810	8.190	0.111
	873114001	数字电压表	台班	8.690	9.988	12.012	0.163
	873150102	对讲机（一对）	台班	13.825	15.890	19.110	0.259

三、远程监控和数据采集系统试验

工作内容：程序装载、操作功能、输入输出插卡校准和试验、组态内容或程序检查、应用功能检查、冗余功能、控制功能、系统试验。　　**计量单位：**套

编号				6-6-46	6-6-47	6-6-48	6-6-49	6-6-50
项目				监控中心	监控和采集站（点以内）			
					8	12	16	32
		名称	单位	消耗量				
人工	000303000	综合三类工	工日	11.900	4.788	8.104	12.645	17.412
机械	871640025	多功能校验仪	台班	2.159	0.869	1.470	2.294	3.159
	870613023	手持式万用表	台班	2.159	0.869	1.470	2.294	3.159
	873114001	数字电压表	台班	1.619	0.651	1.103	1.720	2.369
	873174001	编程器	台班	2.159	0.869	1.470	2.294	3.159
	873150102	对讲机（一对）	台班	2.159	0.869	1.470	2.294	3.159

工作内容：程序装载、操作功能、输入输出插卡校准和试验、组态内容或程序检查、应用功能检查、冗余功能、控制功能、系统试验。　　**计量单位：**套

编号				6-6-51	6-6-52	6-6-53	6-6-54
项目				监控和采集站（点以内）			
				50	80	120	每增1点
		名称	单位	消耗量			
人工	000303000	综合三类工	工日	23.444	32.117	41.047	0.208
机械	871640025	多功能校验仪	台班	4.253	5.826	7.446	0.038
	870613023	手持式万用表	台班	4.253	5.826	7.446	0.038
	873114001	数字电压表	台班	3.190	4.370	5.585	0.028
	873174001	编程器	台班	4.253	5.826	7.446	0.038
	873150102	对讲机（一对）	台班	4.253	5.826	7.446	0.038

四、综合控制系统硬件检查试验

1. 固定和可编程仪表安装试验

工作内容：安装、硬件检查、编程、组态校对、排错、回路试验。 **计量单位：**台

编号				6-6-55	6-6-56	6-6-57	6-6-58	6-6-59	6-6-60
项目				固定程序单回路调节器	可编程仪表				
					单回路调节器	运算器	记录仪	选择调节器	多回路调节器
名称			单位	消耗量					
人工	000303000	综合三类工	工日	3.412	4.839	3.389	3.903	7.480	9.957
材料	020907001	清洁布 250×250	块	0.400	0.400	0.400	0.400	0.400	0.500
	850103005	其他材料费	元	5.000	5.000	5.000	5.000	5.000	5.000
机械	871640025	多功能校验仪	台班	0.567	0.847	0.566	0.669	1.360	1.828
	873112061	精密交直流稳压电源	台班	0.425	0.635	0.425	0.502	1.020	1.371
	873174001	编程器	台班	0.283	0.423	0.283	0.334	0.680	0.914
	870613023	手持式万用表	台班	0.567	0.847	0.566	0.669	1.360	1.828
	873114001	数字电压表	台班	0.378	0.564	0.378	0.446	0.907	1.219
	873150102	对讲机（一对）	台班	0.283	0.423	0.283	0.334	0.680	0.914

2. 现场总线仪表安装试验

工作内容：安装、硬件检查、编程、组态校对、排错、回路试验。 **计量单位：**台

编号				6-6-61	6-6-62	6-6-63	6-6-64
项目				现场总线仪表			
				压力控制器	差压控制器	温度变送控制器	光电转换器
名称			单位	消耗量			
人工	000303000	综合三类工	工日	6.053	7.947	3.389	1.425
材料	020907001	清洁布 250×250	块	0.400	0.400	0.400	0.200
	341304005	位号牌	个	1.000	1.000	1.000	—
	850103006	其他材料费（占材料费）	%	5.000	5.000	5.000	5.000
机械	873174013	铭牌打印机	台班	0.012	0.012	0.012	—
	871640025	多功能校验仪	台班	0.982	1.282	0.515	0.235
	873112061	精密交直流稳压电源	台班	0.460	0.600	0.240	0.110
	873174001	编程器	台班	0.460	0.600	0.240	0.110
	870613023	手持式万用表	台班	0.982	1.282	0.515	0.235
	873114001	数字电压表	台班	0.737	0.961	0.386	0.176
	873150102	对讲机（一对）	台班	0.982	1.282	0.515	0.235

工作内容：安装、硬件检查、编程、组态校对、排错、回路试验。 **计量单位：**台

编号				6-6-65	6-6-66	6-6-67	6-6-68
项目				现场总线仪表			
				电流转换器	气动转换器	阀门定位器	电动执行器
名称			单位	消耗量			
人工	000303000	综合三类工	工日	0.959	1.952	3.436	6.591
材料	020907001	清洁布 250×250	块	0.200	0.300	0.300	0.300
	341304005	位号牌	个	—	—	1.000	1.000
	850103006	其他材料费（占材料费）	%	5.000	5.000	5.000	5.000
机械	873174013	铭牌打印机	台班	0.012	—	0.012	0.012
	871640025	多功能校验仪	台班	0.150	0.324	0.547	1.068
	873112061	精密交直流稳压电源	台班	0.070	0.152	0.256	0.500
	873174001	编程器	台班	0.070	0.152	0.256	0.500
	870613023	手持式万用表	台班	0.150	0.324	0.547	1.068
	873114001	数字电压表	台班	0.112	0.243	0.410	0.801
	873150102	对讲机（一对）	台班	0.150	0.324	0.547	1.068
	991003020	电动空气压缩机 $0.6m^3/min$	台班	—	0.156	—	—

工作内容：安装、硬件检查、编程、组态校对、排错、回路试验。 **计量单位：**台

编号				6-6-69	6-6-70	6-6-71
项目				现场总线仪表		
				变频变速驱动装置	总线安全栅	集线箱
名称			单位	消耗量		
人工	000303000	综合三类工	工日	9.163	0.269	0.351
材料	020907001	清洁布 250×250	块	0.300	—	0.500
	341304005	位号牌	个	1.000	—	1.000
	850103006	其他材料费（占材料费）	%	5.000	5.000	—
机械	873174013	铭牌打印机	台班	0.012	—	0.012
	871640025	多功能校验仪	台班	1.494	0.031	—
	873112061	精密交直流稳压电源	台班	0.700	0.014	—
	873174001	编程器	台班	0.700	—	—
	870622105	精密标准电阻箱	台班	0.350	—	—
	870613023	手持式万用表	台班	1.494	0.031	—
	873114001	数字电压表	台班	1.121	0.023	—
	873150102	对讲机（一对）	台班	1.494	0.031	0.004

3. 综合控制系统设备硬件检查试验

工作内容： 常规检查、通电状态检查、硬件测试、显示记录控制仪表试验。 **计量单位：** 台

编号				6-6-72	6-6-73	6-6-74	6-6-75
项目				控制站	双重化控制站	三重化控制站	数据采集站/监视站
名称			单位	消耗量			
人工	000303000	综合三类工	工日	4.300	4.961	5.623	4.300
机械	871640025	多功能校验仪	台班	0.429	0.495	0.561	0.429
	870613023	手持式万用表	台班	0.858	0.990	1.122	0.858
	873114001	数字电压表	台班	0.572	0.660	0.748	0.572

工作内容： 常规检查、通电状态检查、硬件测试、显示记录控制仪表试验。 **计量单位：** 台

编号				6-6-76	6-6-77	6-6-78	6-6-79
项目				可编程逻辑控制器	工控计算机	工程技术站	基本操作站
名称			单位	消耗量			
人工	000303000	综合三类工	工日	3.639	3.308	0.596	4.300
机械	871640025	多功能校验仪	台班	0.363	0.330	0.059	0.429
	870613023	手持式万用表	台班	0.726	0.660	0.119	0.858
	873114001	数字电压表	台班	0.484	0.440	0.079	0.572

工作内容： 常规检查、通电状态检查、硬件测试、显示记录控制仪表试验。 **计量单位：** 台

编号				6-6-80	6-6-81	6-6-82	6-6-83	6-6-84
项目				辅助操作站	复合多功能操作站	双机切换装置		
						自动	半自动	手动
名称			单位	消耗量				
人工	000303000	综合三类工	工日	2.977	4.631	3.969	4.135	4.300
机械	871640025	多功能校验仪	台班	0.297	0.420	0.396	0.413	0.429
	870613023	手持式万用表	台班	0.594	0.924	0.792	0.825	0.858
	873114001	数字电压表	台班	0.396	0.616	0.528	0.550	0.572

五、综合控制系统软件功能试验

1. DCS 系统试验

工作内容： 程序装载、操作功能、输入输出插卡校准和试验、组态内容或程序检查、应用功能检查、冗余功能、控制功能、系统试验。　　**计量单位：** 套

编　号				6-6-85	6-6-86	6-6-87	6-6-88	6-6-89
项　目				数据采集和处理（过程 AI/DI/PI 点以内）				
				16	32	64	128	256
名　称			单位	消　耗　量				
人工	000303000	综合三类工	工日	3.787	5.551	7.736	10.336	12.665
机械	871640025	多功能校验仪	台班	0.572	0.839	1.170	1.562	1.915
	870613023	手持式万用表	台班	0.687	1.007	1.403	1.875	2.298
	873114001	数字电压表	台班	0.515	0.755	1.053	1.406	1.723
	873174001	编程器	台班	0.343	0.504	0.702	0.937	1.149
	873150102	对讲机（一对）	台班	0.687	1.007	1.403	1.875	2.298

工作内容： 程序装载、操作功能、输入输出插卡校准和试验、组态内容或程序检查、应用功能检查、冗余功能、控制功能、系统试验。　　**计量单位：** 套

编　号				6-6-90	6-6-91	6-6-92	6-6-93	6-6-94
项　目				数据采集和处理（过程 AI/DI/PI 点以内）				
				512	1024	2048	4096	4096 以上每增 16 点
名　称			单位	消　耗　量				
人工	000303000	综合三类工	工日	15.793	20.036	26.279	36.064	0.080
机械	871640025	多功能校验仪	台班	2.387	3.635	4.767	6.542	0.014
	870613023	手持式万用表	台班	2.865	3.635	4.767	6.542	0.014
	873114001	数字电压表	台班	1.432	1.817	2.384	3.271	0.007
	873174001	编程器	台班	1.432	1.817	2.384	3.271	0.007
	873150102	对讲机（一对）	台班	4.297	3.635	4.767	6.542	0.014

工作内容：程序装载、操作功能、输入输出插卡校准和试验、组态内容或程序检查、应用功能检查、冗余功能、控制功能、系统试验。

计量单位：套

编号				6-6-95	6-6-96	6-6-97	6-6-98
项目				信息输出和控制（过程 AO/DO/PO 点以内）			
				8	16	32	64
名称			单位	消耗量			
人工	000303000	综合三类工	工日	7.224	11.460	16.628	24.012
机械	871640025	多功能校验仪	台班	1.310	2.079	3.016	4.356
	870613023	手持式万用表	台班	1.310	2.079	3.016	4.356
	873114001	数字电压表	台班	0.983	1.559	2.262	3.267
	873174001	编程器	台班	1.310	2.079	3.016	4.356
	873150102	对讲机（一对）	台班	1.310	2.079	3.016	4.356

工作内容：程序装载、操作功能、输入输出插卡校准和试验、组态内容或程序检查、应用功能检查、冗余功能、控制功能、系统试验。

计量单位：套

编号				6-6-99	6-6-100	6-6-101
项目				信息输出和控制（过程 AO/DO/PO 点以内）		
				128	256	每增 1 点
名称			单位	消耗量		
人工	000303000	综合三类工	工日	33.165	42.904	0.125
机械	871640025	多功能校验仪	台班	6.017	7.783	0.023
	870613023	手持式万用表	台班	6.017	7.783	0.023
	873114001	数字电压表	台班	4.512	5.837	0.017
	873174001	编程器	台班	6.017	7.783	0.023
	873150102	对讲机（一对）	台班	6.017	7.783	0.023

2. 工控计算机 IPC 系统试验

工作内容：常规检查、输入输出插卡校准和试验、单元检查、应用功能试验、离线系统试验。

计量单位：套

编号				6-6-102	6-6-103	6-6-104	6-6-105
项目				过程 I/O 点（点以内）			
				8	16	32	64
名称			单位	消耗量			
人工	000303000	综合三类工	工日	3.369	4.885	7.344	9.073
机械	871640025	多功能校验仪	台班	0.611	0.886	1.332	1.646
	870613023	手持式万用表	台班	0.611	0.886	1.332	1.646
	873114001	数字电压表	台班	0.306	0.443	0.666	0.823
	873174001	编程器	台班	0.306	0.443	0.666	0.823
	873150102	对讲机（一对）	台班	0.611	0.886	1.332	1.646

工作内容： 常规检查、输入输出插卡校准和试验、单元检查、应用功能试验、离线系统试验。　　**计量单位：** 套

编　号				6-6-106	6-6-107	6-6-108
项　目				过程 I/O 点（点以内）		
				128	256	512
		名　称	单位	消　耗　量		
人工	000303000	综合三类工	工日	11.940	15.911	23.252
机械	871640025	多功能校验仪	台班	2.166	2.886	4.218
	870613023	手持式万用表	台班	2.166	2.886	4.218
	873114001	数字电压表	台班	1.083	1.443	2.109
	873174001	编程器	台班	1.083	1.443	2.109
	873150102	对讲机（一对）	台班	2.166	2.886	4.218

3. PLC 可编程逻辑控制器试验

工作内容： 常规检查、单元检查、应用及逻辑功能试验、离线系统试验。　　**计量单位：** 套

编　号				6-6-109	6-6-110	6-6-111	6-6-112	6-6-113	6-6-114
项　目				过程 I/O 点（点以内）					
				12	24	48	64	128	256
		名　称	单位	消　耗　量					
人工	000303000	综合三类工	工日	2.641	3.795	5.547	6.968	8.787	11.163
机械	871640025	多功能校验仪	台班	0.479	0.688	1.006	1.264	1.594	2.025
	870613023	手持式万用表	台班	0.479	0.688	1.006	1.264	1.594	2.025
	873114001	数字电压表	台班	0.240	0.344	0.503	0.632	0.797	1.012
	873174001	编程器	台班	0.319	0.459	0.671	0.843	1.063	1.350
	873172003	逻辑分析仪	台班	0.080	0.114	0.167	0.210	0.265	0.336
	873150102	对讲机（一对）	台班	0.399	0.574	0.838	1.053	1.328	1.687

工作内容： 常规检查、单元检查、应用及逻辑功能试验、离线系统试验。　　**计量单位：** 套

编　号				6-6-115	6-6-116	6-6-117	6-6-118	6-6-119
项　目				过程 I/O 点（点以内）				
				512	1024	2048	4096	8192
		名　称	单位	消　耗　量				
人工	000303000	综合三类工	工日	14.824	18.819	24.591	30.161	34.085
机械	871640025	多功能校验仪	台班	2.689	3.414	4.461	5.471	6.183
	870613023	手持式万用表	台班	2.689	3.414	4.461	5.471	6.183
	873114001	数字电压表	台班	1.345	1.707	2.230	2.736	3.092
	873174001	编程器	台班	2.241	2.845	3.717	4.559	5.153
	873172003	逻辑分析仪	台班	0.448	0.569	0.743	0.912	1.031
	873150102	对讲机（一对）	台班	2.689	3.414	4.461	5.471	6.183

4. 仪表安全系统（SIS）试验

工作内容：常规检查、单元检查、应用及逻辑功能检查、冗余功能试验、离线系统试验。 **计量单位：**套

编 号				6-6-120	6-6-121	6-6-122	6-6-123
项 目				过程 I/O 点（点以内）			
				6	12	24	36
名 称			单位	消 耗 量			
人工	000303000	综合三类工	工日	3.915	6.507	9.860	12.867
机械	871640025	多功能校验仪	台班	0.710	1.180	1.789	2.334
	870613023	手持式万用表	台班	0.710	1.180	1.789	2.334
	873114001	数字电压表	台班	0.355	0.590	0.894	1.167
	873174001	编程器	台班	0.473	0.787	1.193	1.556
	873172003	逻辑分析仪	台班	0.118	0.197	0.298	0.389
	870199011	笔记本电脑	台班	0.237	0.393	0.596	0.778
	873150102	对讲机（一对）	台班	0.592	0.984	1.491	1.945

工作内容：常规检查、单元检查、应用及逻辑功能检查、冗余功能试验、离线系统试验。 **计量单位：**套

编 号				6-6-124	6-6-125	6-6-126
项 目				过程 I/O 点（点以内）		
				48	64	64 点以上每增 4 点
名 称			单位	消 耗 量		
人工	000303000	综合三类工	工日	15.461	20.225	1.197
机械	871640025	多功能校验仪	台班	2.805	3.669	0.217
	870613023	手持式万用表	台班	2.805	3.669	0.217
	873114001	数字电压表	台班	1.402	1.834	0.109
	873174001	编程器	台班	1.870	2.446	0.145
	873172003	逻辑分析仪	台班	0.467	0.611	0.036
	870199011	笔记本电脑	台班	0.935	1.223	0.072
	873150102	对讲机（一对）	台班	2.337	3.057	0.181

5. 网络系统试验

工作内容： 系统可用及维护功能、环境功能检查、参数设置、安全设置、传输距离、接口、优先权通信试验。

计量单位： 套

编号				6-6-127	6-6-128	6-6-129	6-6-130	6-6-131	6-6-132
项目				网络节点数（点以内）					
				16	32	50	100	200	每增2点
名称			单位	消耗量					
人工	000303000	综合三类工	工日	3.272	5.143	7.245	10.051	12.621	0.164
机械	870199011	笔记本电脑	台班	0.594	0.933	1.314	1.823	2.290	0.030
	871640025	多功能校验仪	台班	0.594	0.933	1.314	1.823	2.290	0.030
	873138001	网络测试仪	台班	0.093	0.147	0.207	0.287	0.360	0.005
	870613023	手持式万用表	台班	0.594	0.933	1.314	1.823	2.290	0.030
	873114001	数字电压表	台班	0.297	0.466	0.657	0.912	1.145	0.015
	873150102	对讲机（一对）	台班	0.594	0.933	1.314	1.823	2.290	0.030

工作内容： 系统可用及维护功能、环境功能检查、参数设置、安全设置、传输距离、接口、优先权通信试验。

计量单位： 套

编号				6-6-133	6-6-134	6-6-135	6-6-136
项目				现场总线（节点以内）		无线数据传输网络（传输距离 km/站）	
				32	124	3km 以内	3km 以外
名称			单位	消耗量			
人工	000303000	综合三类工	工日	3.272	4.908	3.524	5.189
机械	870199011	笔记本电脑	台班	0.297	0.445	0.746	1.098
	871640025	多功能校验仪	台班	0.099	0.148	—	—
	873138001	网络测试仪	台班	0.093	0.140	0.101	0.148
	870613023	手持式万用表	台班	0.594	0.890	0.639	0.941
	873150102	对讲机（一对）	台班	0.950	1.425	1.023	1.506

6. 综合控制系统与其他系统接口试验

工作内容： 系统可用及维护功能、环境功能检查、参数设置、安全设置、传输距离检查、接口和优先权通信试验。

计量单位： 套

编号				6-6-137	6-6-138	6-6-139	6-6-140	6-6-141
项目				与上位机接口	远程终端	阴极保护装置	视频监控系统	火灾报警消防系统
名称			单位	消耗量				
人工	000303000	综合三类工	工日	0.421	0.491	0.655	0.397	0.724
机械	871640025	多功能校验仪	台班	0.042	0.049	0.065	0.040	0.072
	873150102	对讲机（一对）	台班	0.070	0.082	0.109	0.066	0.120
	870613023	手持式万用表	台班	—	0.098	0.131	0.079	0.145
	873114001	数字电压表	台班	—	—	0.065	0.040	0.072

工作内容： 系统可用及维护功能、环境功能检查、参数设置、安全设置、传输距离检查、接口和优先权通信试验。

计量单位： 见表

编号				6-6-142	6-6-143	6-6-144	6-6-145
项目				安全机组系统	与其他装置接口（I/O 点）		
					模拟量	数字量	脉冲量
单位				套		点	
名称			单位	消耗量			
人工	000303000	综合三类工	工日	0.211	0.117	0.047	0.093
机械	871640025	多功能校验仪	台班	0.021	0.008	0.003	0.006
	870613023	手持式万用表	台班	0.042	0.012	0.005	0.009
	873114001	数字电压表	台班	—	0.004	0.002	0.003
	873150102	对讲机（一对）	台班	0.035	0.016	0.006	0.012

7. 在线回路试验

工作内容： 现场至控制室输入输出静态模拟试验。

计量单位： 点

编号				6-6-146	6-6-147	6-6-148	6-6-149	6-6-150	6-6-151
项目				模拟量		数字量		脉冲量	无线测控点
				AI 点	AO 点	DI 点	DO 点	PI/PO 点	
名称			单位	消耗量					
人工	000303000	综合三类工	工日	0.105	0.228	0.063	0.116	0.175	0.140
机械	871640025	多功能校验仪	台班	0.010	0.023	0.006	0.012	0.017	0.014
	870113025	便携式电动泵压力校验仪	台班	0.010	—	—	—	—	—
	870613023	手持式万用表	台班	0.021	0.045	0.013	0.023	—	0.028
	873114001	数字电压表	台班	0.010	0.023	0.006	0.012	—	—
	870113029	多功能压力校验仪	台班	0.010	—	0.090	—	—	—
	871640017	回路校验仪	台班	0.021	0.045	0.013	0.023	0.035	—
	873150102	对讲机（一对）	台班	0.017	0.038	0.010	0.019	0.029	0.023

六、补 充 项 目

1. 硬盘、存储器安装及试验

工作内容：清点、安装、接线、自检、测试。 **计量单位：**块

编号				6-6-152
项目				硬盘、存储器
名称			单位	消耗量
人工	000203000	综合二类工	工日	0.120
材料	020907001	清洁布 250×250	块	0.200
	143545001	清洁剂	kg	0.050
	850103006	其他材料费（占材料费）	%	5.000
机械	870199011	笔记本电脑	台班	0.100

2. 网络设备安装及试验

工作内容：清点、安装、校接线、常规检查、硬件检查、测试。 **计量单位：**台

编号				6-6-153	6-6-154	6-6-155	6-6-156
项目				光端机	工业计算机系统		
					集线器 普通式	集线器 堆叠式	集线器 智能式
名称			单位	消耗量			
人工	000203000	综合二类工	工日	2.370	0.826	1.720	1.996
材料	573100001	网络设备	台	—	（1.000）	（1.000）	（1.000）
	850103002	校验材料费	元	2.320	1.290	5.660	7.210
机械	873114001	数字电压表	台班	0.146	0.105	0.242	0.308
	870613024	手持式万用表	台班	—	0.042	0.097	0.123
	870613023	手持式万用表	台班	0.146	—	—	—

第七章

仪表管路敷设、伴热及脱脂

说 明

一、本章内容包括钢管敷设，不锈钢管及高压管敷设，有色金属及非金属管敷设，管缆敷设，仪表设备与管路伴热，仪表设备与管路脱脂。

二、本章包括以下工作内容：

1. 管路敷设：领料、搬运、准备、清扫、清洗、划线、调直、定位、切割、煨弯、焊接、上接头或管件、加垫固定，强度、严密性、泄漏性试验，除锈、防腐、刷油，安装试验记录。

2. 仪表设备或管路伴热：伴热管敷设包括：焊接、除锈、防腐、试压、气密性试验等。电伴热电缆、伴热元件或伴热带敷没：绝缘测定、接地、控制及保护电路测试、调整记录、接线盒安装、终端头制作及其尾盒安装。

3. 仪表管路脱脂：拆装、浸泡、擦洗、检查、封口、保管、送检、填写记录。

三、本章不包括以下工作内容：

1. 支架制作和安装。

2. 脱脂槽的准备及脱脂液分析工作，脱脂废液应按环保部门规定处理，费用按相关规定另计。

3. 管路中截止阀、疏水器、过滤器等安装。

4. 电伴热供电设备安装、接线盒安装、保温层和保温材料。

5. 被伴热的管路或仪表设备的外部保温层、防护防水层安装及防腐。

四、相关说明：

1. 管路及设备伴热不包括被伴热的管路和仪表的外部保温层、防护防水层，应执行第十二册《防腐蚀、绝热工程》相应项目。

2. 导压管敷设范围是从取源一次阀门后，不包括取源部件及一次阀门。

3. 管路试压、供气管通气试验和防腐已包括在相应项目内，不得另行计算。公称直径 50mm 以上的管路，应执行第八册《工业管道安装工程》相应项目。

4. 碳钢管敷设连接形式分为焊接、丝接和卡套连接。计算工程量时，焊接时按管径大小，丝接时按公称直径不同计算。管路中的截止阀、疏水器、过滤器等应另行计算。

5. 需要银焊的管路可执行铜管敷设相应项目，但材料可进行换算。

6. 管路敷设的支架制作与安装，应执行第四册《电气设备与线缆安装工程》相应项目。

7. 导压管线强度、严密性和泄漏量试验与工业管道一起进行。仪表气源和信号管路只做严密性试验、通气试验，不做强度试验。

工程量计算规则

一、导压管和伴热管敷设，应区分不同管道材质、管径，分别以“10m”为计量单位。

二、电伴热电缆敷设，以“100m”为计量单位；伴热元件安装，以“根”为计量单位，电伴热的供电设备、接线盒、终端头制作应另计工程量。

三、管路工程量计算按延长米不扣除管件、仪表阀等所占的长度。

一、钢管敷设

工作内容：清理、煨弯、套丝、组对、安装及接头（管件）安装、强度和气密泄漏性试验。**计量单位：**10m

编号				6-7-1	6-7-2	6-7-3	6-7-4
项目				碳钢管焊接（管径 mm 以内）			
				14	22	32	50
名称			单位	消耗量			
人工	000203000	综合二类工	工日	1.204	1.346	1.572	1.845
材料	170000002	管材	m	（10.400）	（10.400）	（10.400）	（10.400）
	181625019	仪表接头	套	（4.000）	（3.000）	（4.000）	（6.000）
	182513018	镀锌管卡子（钢管用） 15	个	7.000	—	—	—
	182513019	镀锌管卡子（钢管用） 20	个	—	5.000	—	—
	182513020	镀锌管卡子（钢管用） 32	个	—	—	5.000	—
	182513021	镀锌管卡子（钢管用） 50	个	—	—	—	4.000
	031101002	砂轮片 ϕ100	片	0.001	0.010	0.010	0.010
	031101006	砂轮片 ϕ400	片	0.001	0.010	0.010	0.001
	031507016	镀锌铁丝 ϕ2.5～1.4	kg	0.060	0.060	0.060	0.060
	130505007	酚醛防锈漆	kg	0.220	0.390	0.500	0.900
	130115006	酚醛调和漆	kg	0.170	0.310	0.400	0.720
	031102005	铁砂布 0#～2#	张	0.500	0.500	0.500	0.500
	022703006	细白布 宽 900	m	0.050	0.050	0.050	0.050
	143505004	清洗液 500mL	瓶	0.200	0.200	0.200	0.200
	031301023	碳钢气焊条（综合）	kg	0.128	0.201	0.293	—
	142909001	氧气	m^3	0.333	0.523	0.761	—
	142907002	乙炔气	kg	0.128	0.201	0.293	—
	031301009	低碳钢焊条 J427（综合）	kg	—	—	—	0.662
	850103006	其他材料费（占材料费）	%	5.000	5.000	5.000	5.000
机械	990904030	直流弧焊机 20kV · A	台班	—	—	—	0.340
	991003020	电动空气压缩机 0.6m^3/min	台班	0.010	0.010	0.030	0.050
	990785030	砂轮切割机 ϕ400	台班	0.010	0.010	0.015	0.020
	990758010	电动弯管机 50mm	台班	—	0.040	0.040	0.020
	990401015	载重汽车 4t	台班	0.005	0.010	0.012	0.015
	990797020	台式砂轮机 ϕ100	台班	0.010	0.010	0.015	0.020

工作内容：清理、煨弯、套丝、组对、安装及接头（管件）安装、强度和气密泄漏性试验。**计量单位：**10m

编号				6-7-5	6-7-6	6-7-7	6-7-8	6-7-9	6-7-10
项目				碳钢管丝接（管径 mm 以内）				碳钢管卡套连接（管径 mm）	
				15	20	32	50	14 以内	14 以上
名称			单位	消耗量					
人工	000203000	综合二类工	工日	0.705	0.840	1.116	1.338	0.749	0.901
材料	170000002	管材	m	（10.400）	（10.400）	（10.400）	（10.400）	（10.400）	（10.400）
	180000003	管件 *DN* 15 以下	套	（5.000）	（4.000）	（6.000）	（8.000）	—	—
	181625019	仪表接头	套	—	—	—	—	（4.000）	（3.000）
	182513018	镀锌管卡子（钢管用） 15	个	7.000	—	—	—	7.000	—
	182513019	镀锌管卡子（钢管用） 20	个	—	5.000	—	—	—	5.000
	182513020	镀锌管卡子（钢管用） 32	个	—	—	5.000	—	—	—
	182513021	镀锌管卡子（钢管用） 50	个	—	—	—	4.000	—	—
	031101002	砂轮片 ϕ100	片	0.001	0.005	0.010	0.010	0.010	0.010
	031101006	砂轮片 ϕ400	片	—	—	—	—	0.001	0.010
	031507016	镀锌铁丝 ϕ2.5～1.4	kg	0.060	0.060	0.060	0.060	0.030	0.030
	130505007	酚醛防锈漆	kg	—	—	—	—	0.220	0.390
	130115006	酚醛调和漆	kg	—	—	—	—	0.170	0.310
	031102005	铁砂布 0#～2#	张	0.500	0.500	0.500	0.500	0.300	0.300
	022703006	细白布 宽 900	m	0.050	0.050	0.050	0.050	0.050	0.050
	133504003	密封剂	kg	0.040	0.050	0.060	0.060	—	—
	143505004	清洗液 500mL	瓶	0.250	0.250	0.250	0.250	—	—
	140303001	机油（综合）	kg	0.050	0.080	0.100	0.120	—	—
	340203007	聚四氟乙烯生料带（综合）	m	0.210	0.200	0.400	0.650	—	—
	850103006	其他材料费（占材料费）	%	5.000	5.000	5.000	5.000	5.000	5.000
机械	990748010	管子切断套丝机 159mm	台班	0.020	0.035	0.050	0.060	—	—
	991003020	电动空气压缩机 0.6m³/min	台班	0.010	0.010	0.030	0.050	0.050	0.050
	990785030	砂轮切割机 ϕ400	台班	—	—	—	—	0.020	0.020
	990758010	电动弯管机 50mm	台班	—	0.010	0.020	0.030	0.030	0.030
	990401015	载重汽车 4t	台班	0.005	0.010	0.012	0.015	0.005	0.010
	990797020	台式砂轮机 ϕ100	台班	0.010	0.010	0.010	0.020	0.020	0.020

二、不锈钢管及高压管敷设

工作内容： 清洗、组对、焊接及焊口处理、管及管件安装、除锈、防腐、强度、气密性、泄漏性试验。

计量单位： 10m

编　号				6-7-11	6-7-12	6-7-13	6-7-14	6-7-15
项　目				不锈钢管焊接（管径 mm 以内）				
				10	14	22	32	50
名　称			单位	消　耗　量				
人工	000203000	综合二类工	工日	0.894	1.200	1.407	1.609	2.011
材料	181625019	仪表接头	套	（4.000）	（3.000）	（4.000）	（4.000）	（4.000）
	170000002	管材	m	（10.360）	（10.360）	（10.360）	（10.360）	（10.360）
	182511003	不锈钢管卡 *DN*32	个	—	—	—	5.000	—
	182511002	不锈钢管卡 *DN*20	个	—	—	5.000	—	—
	182511004	不锈钢管卡 *DN*50	个	—	—	—	—	4.000
	031101006	砂轮片 ϕ400	片	0.001	0.005	0.010	0.010	0.010
	031101002	砂轮片 ϕ100	片	0.001	0.005	0.010	0.010	0.010
	031303017	不锈钢焊丝（综合）	kg	0.020	0.132	0.099	0.099	0.110
	142911001	氩气	m^3	0.056	0.370	0.277	0.277	0.308
	340101003	铈钨棒	g	0.112	0.739	0.554	0.554	0.616
	020101001	橡胶板（综合）	kg	0.140	0.240	0.240	0.240	0.240
	031507016	镀锌铁丝 ϕ2.5～1.4	kg	0.060	0.060	0.060	0.060	0.060
	022703006	细白布 宽 900	m	0.050	0.050	0.050	0.050	0.050
	143169002	酸洗膏	kg	0.010	0.015	0.020	0.025	0.040
	182511001	不锈钢管卡 *DN*15	个	3.000	7.000	—	—	—
	031102005	铁砂布 $0^{\#}$～$2^{\#}$	张	0.500	0.500	0.500	—	—
	850103006	其他材料费（占材料费）	%	5.000	5.000	5.000	5.000	5.000
机械	990401015	载重汽车 4t	台班	—	0.005	0.010	0.012	0.015
	990912010	氩弧焊机 500A	台班	0.010	0.050	0.070	0.090	0.240
	991003020	电动空气压缩机 0.6m^3/min	台班	0.010	0.010	0.010	0.030	0.050
	990785030	砂轮切割机 ϕ400	台班	0.010	0.011	0.022	0.025	0.080
	990797020	台式砂轮机 ϕ100	台班	0.010	0.011	0.012	0.010	0.010
	990747010	管子切断机 60mm	台班	0.020	0.050	0.060	0.070	0.080
	990758010	电动弯管机 50mm	台班	—	—	0.040	0.060	0.050

工作内容：清洗、组对、焊接及焊口处理、管及管件安装、除锈、防腐、强度、气密性、泄漏性试验。

计量单位：10m

编号				6-7-16	6-7-17	6-7-18	6-7-19
项目				不锈钢管卡套连接（管径 mm）		高压管焊接（管径 15mm 以内）	
				14 以内	14 以上	碳钢	不锈钢
名称			单位	消耗量			
人工	000203000	综合二类工	工日	0.707	0.851	1.318	1.453
材料	181625019	仪表接头	套	（4.000）	（3.000）	（4.000）	（4.000）
	170000002	管材	m	（10.360）	（10.360）	（10.360）	（10.360）
	182511001	不锈钢管卡 *DN*15	个	7.000	—	7.000	7.000
	182511002	不锈钢管卡 *DN*20	个	—	5.000	—	—
	031101006	砂轮片 ϕ400	片	0.005	0.010	0.010	0.010
	031101002	砂轮片 ϕ100	片	0.005	0.010	0.010	0.010
	020101001	橡胶板（综合）	kg	0.240	0.240	0.240	0.240
	031507016	镀锌铁丝 ϕ2.5～1.4	kg	0.030	0.030	0.030	0.030
	022703006	细白布 宽 900	m	0.010	0.010	—	0.010
	130505007	酚醛防锈漆	kg	—	—	0.110	—
	130115006	酚醛调和漆	kg	—	—	0.080	—
	031303008	碳钢氩弧焊丝	kg	—	—	0.192	—
	142911001	氩气	m^3	—	—	0.538	0.370
	340101003	铈钨棒	g	—	—	1.075	0.739
	031102005	铁砂布 0#～2#	张	—	—	0.500	0.500
	143505004	清洗液 500mL	瓶	—	—	0.050	—
	022701001	棉纱	kg	—	—	0.050	—
	031303004	合金钢氩弧焊丝	kg	—	—	—	0.132
	143169002	酸洗膏	kg	—	—	—	0.030
	850103006	其他材料费（占材料费）	%	5.000	5.000	5.000	5.000
机械	991003020	电动空气压缩机 0.6m^3/min	台班	0.015	0.018	0.020	0.040
	990785030	砂轮切割机 ϕ400	台班	0.010	0.010	0.020	0.020
	990797020	台式砂轮机 ϕ100	台班	0.010	0.010	0.010	0.010
	990401015	载重汽车 4t	台班	—	—	0.002	0.002
	990912010	氩弧焊机 500A	台班	—	—	0.040	0.040
	990718010	普通车床 400×1000mm	台班	—	—	0.080	0.080

三、有色金属及非金属管敷设

工作内容： 清洗、组对、安装、焊接（或卡套连接）、固定、通气和气密性试验。　　**计量单位：** 10m

编号				6-7-20	6-7-21	6-7-22	6-7-23	6-7-24	6-7-25
项目				紫铜管（管径 mm 以内）				黄铜管（管径 mm 以内）	
				10	14	22	32		50
名称			单位	消耗量					
人工	000203000	综合二类工	工日	0.316	0.845	1.028	1.430	1.509	2.048
材料	181625019	仪表接头	套	（5.000）	（3.000）	（2.000）	（4.000）	（5.000）	（10.000）
	170000002	管材	m	（10.300）	（10.300）	（10.300）	（10.300）	（10.200）	（10.200）
	182513018	镀锌管卡子（钢管用） 15	个	2.000	6.000	—	—	—	—
	182513019	镀锌管卡子（钢管用） 20	个	—	—	5.000	—	—	—
	182513020	镀锌管卡子（钢管用） 32	个	—	—	—	6.000	10.000	—
	182513021	镀锌管卡子（钢管用） 50	个	—	—	—	—	—	10.000
	031101006	砂轮片 $\phi400$	片	—	0.001	0.010	0.010	0.010	0.010
	031101002	砂轮片 $\phi100$	片	—	0.010	0.010	0.010	0.010	0.010
	031303010	铜氩弧焊丝	kg	—	0.019	0.034	0.044	0.084	0.110
	142911001	氩气	m^3	—	0.053	0.095	0.123	0.235	0.308
	340101003	铈钨棒	g	—	0.106	0.190	0.246	0.470	0.616
	031507016	镀锌铁丝 $\phi2.5$～1.4	kg	0.040	0.050	0.060	0.060	0.060	0.060
	020101001	橡胶板（综合）	kg	0.100	0.140	0.140	0.500	0.500	0.500
	031102005	铁砂布 0#～2#	张	0.500	0.500	0.500	0.500	1.000	1.000
	022703006	细白布 宽900	m	—	—	0.050	0.050	0.050	0.050
	341304005	位号牌	个	—	—	—	10.000	20.000	30.000
	031303009	铜焊丝（综合）	kg	—	0.022	0.025	0.030	—	—
	142909001	氧气	m^3	—	0.055	0.065	0.078	—	—
	142907002	乙炔气	kg	—	0.021	0.025	0.030	—	—
	850103006	其他材料费（占材料费）	%	5.000	5.000	5.000	5.000	5.000	5.000
机械	990912010	氩弧焊机 500A	台班	—	0.002	0.010	0.030	0.070	0.120
	991003020	电动空气压缩机 $0.6m^3/min$	台班	0.010	0.010	0.010	0.030	0.030	0.050
	990718010	普通车床 400×1000mm	台班	—	—	—	0.010	0.030	0.030
	990728020	摇臂钻床 50mm	台班	—	—	—	0.050	0.100	0.150
	990785030	砂轮切割机 $\phi400$	台班	—	0.010	0.010	0.012	0.015	0.015
	990401015	载重汽车 4t	台班	—	0.005	0.010	0.012	0.012	0.015

工作内容：清洗、组对、安装、焊接（或卡套连接）、固定、通气和气密性试验。 **计量单位：**10m

编号				6-7-26	6-7-27	6-7-28	6-7-29
项目				铝管敷设（管径 mm 以内）			聚乙烯管（管径 32mm 以内）
				14	22	32	
名称			单位	消耗量			
人工	000203000	综合二类工	工日	1.232	1.251	1.404	1.668
材料	170000002	管材	m	（10.300）	（10.300）	（10.300）	（10.300）
	181625019	仪表接头	套	（3.000）	（2.000）	（2.000）	—
	180900002	塑料管件	套	—	—	—	（6.000）
	182513018	镀锌管卡子（钢管用） 15	个	10.000	—	—	—
	182513019	镀锌管卡子（钢管用） 20	个	—	10.000	—	—
	182513020	镀锌管卡子（钢管用） 32	个	—	—	10.000	—
	031101006	砂轮片 ϕ400	片	0.003	0.008	0.010	—
	031101002	砂轮片 ϕ100	片	0.002	0.010	0.015	0.015
	031303015	铝焊丝 丝 301（综合）	kg	0.035	0.052	0.068	—
	142911001	氩气	m^3	0.090	0.150	0.200	—
	340101003	铈钨棒	g	0.180	0.290	0.360	—
	020101001	橡胶板（综合）	kg	0.200	0.250	0.300	—
	031102005	铁砂布 0#～2#	张	0.500	0.500	0.500	0.500
	031301015	聚氯乙烯焊条（综合）	kg	—	—	—	0.040
	182515001	塑料卡子	个	—	—	—	14.000
	850103006	其他材料费（占材料费）	%	5.000	5.000	5.000	5.000
机械	990912010	氩弧焊机 500A	台班	0.020	0.020	0.040	—
	991003020	电动空气压缩机 $0.6m^3/min$	台班	0.010	0.010	0.030	0.030
	990401015	载重汽车 4t	台班	0.005	0.010	0.012	0.007
	990785030	砂轮切割机 ϕ400	台班	0.010	0.012	0.015	—
	990797020	台式砂轮机 ϕ100	台班	0.010	0.012	0.015	0.150
	990747010	管子切断机 60mm	台班	0.010	0.030	0.040	0.020
	990758010	电动弯管机 50mm	台班	—	0.030	0.030	—

四、管缆敷设

工作内容：切断、煨弯、缆头处理、卡套连接、固定、通气试验。 **计量单位：**10m

编号				6-7-30	6-7-31	6-7-32	6-7-33
项目				尼龙管缆（管径 mm 以内）			
				单芯			7 芯
				6	8	10	6
		名称	单位	消耗量			
人工	000203000	综合二类工	工日	0.279	0.332	0.465	0.709
材料	170000002	管材	m	(10.300)	(10.300)	(10.300)	(10.300)
	181625019	仪表接头	套	(2.000)	(2.000)	(2.000)	(6.000)
	031102005	铁砂布 0#～2#	张	0.200	0.200	0.200	0.300
	021301001	尼龙扎带（综合）	根	2.500	2.500	2.500	1.000
	290639007	镀锌电线管卡子 15mm	个	—	—	1.000	2.000
	850103006	其他材料费（占材料费）	%	5.000	5.000	5.000	5.000
机械	991003020	电动空气压缩机 0.6m³/min	台班	0.010	0.010	0.010	0.020
	990401015	载重汽车 4t	台班	—	0.005	0.005	0.007

工作内容：切断、煨弯、缆头处理、卡套连接、固定、通气试验。 **计量单位：**10m

编号				6-7-34	6-7-35	6-7-36	6-7-37
项目				铜管缆（管径 mm 以内）			
				单芯			7 芯
				6	8	10	6
		名称	单位	消耗量			
人工	000203000	综合二类工	工日	0.355	0.594	0.607	0.870
材料	170000002	管材	m	(10.300)	(10.300)	(10.300)	(10.300)
	181625019	仪表接头	套	(2.000)	(2.000)	(2.000)	(8.000)
	020112007	无石棉橡胶板 高压 δ1～6	kg	0.080	0.080	0.080	0.100
	031541003	钢锯条	条	0.150	0.150	0.150	0.500
	031102005	铁砂布 0#～2#	张	0.300	0.300	0.300	0.300
	021301001	尼龙扎带（综合）	根	2.200	2.200	2.200	1.000
	031101006	砂轮片 ϕ400	片	—	0.005	0.005	0.010
	031101002	砂轮片 ϕ100	片	—	0.005	0.005	0.010
	290639007	镀锌电线管卡子 15mm	个	—	—	1.000	2.000
	850103006	其他材料费（占材料费）	%	5.000	5.000	5.000	5.000
机械	991003020	电动空气压缩机 0.6m³/min	台班	0.010	0.010	0.010	0.020
	990785030	砂轮切割机 ϕ400	台班	0.010	0.011	0.012	0.015
	990797030	手提式砂轮机	台班	0.010	0.011	0.012	0.015
	990401015	载重汽车 4t	台班	—	0.005	0.005	0.007

工作内容：切断、煨弯、缆头处理、卡套连接、固定、通气试验。 **计量单位：**10m

编号				6-7-38	6-7-39	6-7-40	6-7-41	6-7-42	6-7-43
项目				不锈钢管缆（管径 mm 以内）				伴热一体化管缆（缆芯以内）	
				单芯			7 芯	单芯	4 芯
				6	8	10	6		
名称			单位	消耗量					
人工	000203000	综合二类工	工日	0.793	0.823	0.838	1.084	1.864	3.200
材料	170000002	管材	m	（10.300）	（10.300）	（10.300）	（10.300）	（10.300）	（10.300）
	181625019	仪表接头	套	（2.000）	（2.000）	（2.000）	（8.000）	（4.000）	（8.000）
	031102005	铁砂布 0#～2#	张	0.200	0.200	0.300	0.500	0.500	0.500
	021301001	尼龙扎带（综合）	根	12.000	7.000	7.000	6.000	6.000	6.000
	182511001	不锈钢管卡 *DN*15	个	—	5.000	5.000	6.000	—	—
	182513001	镀锌钢管卡子 *DN*15	个	—	—	—	—	6.000	—
	182513006	镀锌钢管卡子 *DN*50	个	—	—	—	—	—	6.000
	031101006	砂轮片 ϕ400	片	—	0.005	0.005	0.010	0.016	0.020
	031101002	砂轮片 ϕ100	片	—	0.005	0.005	0.010	0.016	0.020
	031303018	不锈钢氩弧焊丝（综合）	kg	—	—	—	—	0.068	0.135
	142911001	氩气	m^3	—	—	—	—	0.190	0.378
	340101003	钍钨棒	g	—	—	—	—	0.381	0.756
	143169002	酸洗膏	kg	—	—	—	—	0.020	0.040
	022703006	细白布 宽900	m	—	—	—	—	0.050	0.070
	850103006	其他材料费（占材料费）	%	5.000	5.000	5.000	5.000	5.000	5.000
机械	990912010	氩弧焊机 500A	台班	—	—	—	—	0.100	0.200
	990813005	试压泵 2.5MPa	台班	—	—	—	—	0.010	0.020
	991003020	电动空气压缩机 0.6m^3/min	台班	0.010	0.010	0.010	0.020	0.010	0.010
	990401015	载重汽车 4t	台班	0.005	0.005	0.005	0.007	0.010	0.020
	990785030	砂轮切割机 ϕ400	台班	—	—	0.010	0.010	0.040	0.050
	990797030	手提式砂轮机	台班	—	—	0.010	0.010	0.040	0.050

五、仪表设备与管路伴热

工作内容：敷设（或缠绕）、焊接、强度和气密性试验。　　**计量单位：**10m

		编　号		6-7-44	6-7-45	6-7-46	6-7-47
		项　目		不锈钢管伴热管（管径 mm 以内）			
				10	14	18	22
		名　称	单位	消　耗　量			
人工	000203000	综合二类工	工日	0.883	1.355	1.695	1.993
材料	170000002	管材	m	（10.300）	（10.300）	（10.300）	（10.300）
	031507018	镀锌铁丝 ϕ2.8～4.0	kg	0.050	0.050	0.050	0.050
	031101006	砂轮片 ϕ400	片	0.001	0.005	0.005	0.080
	031101002	砂轮片 ϕ100	片	0.001	0.005	0.005	0.080
	031102005	铁砂布 0#～2#	张	0.500	0.500	0.500	0.500
	031303017	不锈钢焊丝（综合）	kg	0.010	0.010	0.015	0.015
	142911001	氩气	m^3	0.028	0.028	0.042	0.042
	340101003	铈钨棒	g	0.056	0.056	0.084	0.084
	143169002	酸洗膏	kg	0.010	0.020	0.030	0.040
	022703006	细白布 宽 900	m	0.050	0.050	0.050	0.050
	850103006	其他材料费（占材料费）	%	5.000	5.000	5.000	5.000
机械	990912010	氩弧焊机 500A	台班	0.010	0.010	0.015	0.015
	990785030	砂轮切割机 ϕ400	台班	0.010	0.015	0.018	0.020
	990797030	手提式砂轮机	台班	0.010	0.015	0.018	0.020
	990401015	载重汽车 4t	台班	0.010	0.010	0.010	0.010
	990813005	试压泵 2.5MPa	台班	0.020	0.020	0.020	0.020

工作内容：敷设（或缠绕）、焊接、强度和气密性试验。 **计量单位：**10m

编号				6-7-48	6-7-49	6-7-50	6-7-51
项目				碳钢管伴热管（管径 mm 以内）			
				10	14	18	22
名称			单位	消耗量			
人工	000203000	综合二类工	工日	0.767	1.105	1.574	1.806
材料	170000002	管材	m	（10.350）	（10.350）	（10.350）	（10.350）
	031507018	镀锌铁丝 ϕ2.8～4.0	kg	0.050	0.050	0.050	0.050
	031102005	铁砂布 0#～2#	张	0.500	0.500	0.500	0.500
	142909001	氧气	m³	0.083	0.166	0.166	0.166
	142907002	乙炔气	kg	0.032	0.064	0.064	0.064
	031301023	碳钢气焊条（综合）	kg	0.032	0.064	0.064	0.064
	130505009	酚醛防锈漆 各色	kg	0.360	0.370	0.380	0.390
	022703006	细白布 宽 900	m	0.050	0.050	0.050	0.050
	850103006	其他材料费（占材料费）	%	5.000	5.000	5.000	5.000
机械	990747010	管子切断机 60mm	台班	0.030	0.030	0.040	0.040
	990401015	载重汽车 4t	台班	0.010	0.010	0.010	0.010
	990813005	试压泵 2.5MPa	台班	0.020	0.020	0.020	0.020

工作内容：敷设（或缠绕）、焊接、强度和气密性试验。 **计量单位：**10m

编号				6-7-52	6-7-53	6-7-54	6-7-55
项目				铜管伴热管（管径 mm 以内）			
				10	14	18	22
名称			单位	消耗量			
人工	000203000	综合二类工	工日	0.302	0.788	0.972	1.182
材料	170000002	管材	m	（10.300）	（10.300）	（10.300）	（10.300）
	031102005	铁砂布 0#～2#	张	0.500	0.500	0.500	0.500
	031101002	砂轮片 ϕ100	片	0.001	0.005	0.008	0.010
	031303010	铜氩弧焊丝	kg	0.029	0.027	0.034	0.047
	142911001	氩气	m³	0.081	0.076	0.095	0.132
	340101003	铈钨棒	g	0.162	0.151	0.190	0.263
	022703006	细白布 宽 900	m	0.050	0.050	0.050	0.050
	031507018	镀锌铁丝 ϕ2.8～4.0	kg	—	0.050	0.050	0.050
	031303009	铜焊丝（综合）	kg	—	0.009	0.012	0.018
	142909001	氧气	m³	—	0.022	0.033	0.039
	142907002	乙炔气	kg	—	0.008	0.013	0.015
	850103006	其他材料费（占材料费）	%	5.000	5.000	5.000	5.000
机械	990912010	氩弧焊机 500A	台班	0.030	0.035	0.050	0.060
	990785030	砂轮切割机 ϕ400	台班	0.010	0.010	0.015	0.020
	990797030	手提式砂轮机	台班	0.010	0.010	0.015	0.020
	990401015	载重汽车 4t	台班	0.008	0.008	0.010	0.010
	990747010	管子切断机 60mm	台班	—	0.015	0.020	0.020

工作内容： 敷设（或缠绕）、焊接、强度和气密性试验。　　**计量单位：** 见表

编　号				6-7-56	6-7-57	6-7-58	6-7-59
项　目				电伴热带/伴热电缆			伴热元件
				伴热电缆	接线盒	终端头制作、安装	
单　位				100m	个		根
		名　称	单位	消　耗　量			
人工	000203000	综合二类工	工日	4.956	0.121	0.435	0.774
材料	152103004	电热带	m	（102.000）	—	—	—
	290634004	电缆卡子（综合）	个	（4.000）	—	—	—
	152315002	绝缘材料（复合丁晴）	m^2	（11.000）	—	—	—
	291110008	接线盒（综合）	个	—	（1.000）	—	—
	291113004	尾端盒	个	—	—	（1.000）	—
	152103006	管状电热带	根	—	—	—	（1.000）
	152307002	耐高温铝箔玻璃纤维带 50m/卷	卷	2.300	—	—	—
	031102005	铁砂布 $0^{\#}$～$2^{\#}$	张	0.100	—	0.450	—
	284309003	接地线 5.5～16mm^2	m	3.500	0.800	0.600	1.000
	271703004	塑料胶带	m	—	—	0.100	—
	022703006	细白布 宽 900	m	—	—	0.050	—
	290901001	接线铜端子头	个	—	—	2.200	—
	340515001	标签纸（综合）	m	—	—	0.050	—
	021301001	尼龙扎带（综合）	根	—	—	0.500	—
	290697001	线号套管（综合）	m	—	—	0.020	—
	341304005	位号牌	个	—	—	1.000	—
	850103006	其他材料费（占材料费）	%	5.000	5.000	5.000	5.000
机械	990401015	载重汽车 4t	台班	0.010	—	—	—
	873174013	铭牌打印机	台班	0.018	—	0.012	0.012
	870613023	手持式万用表	台班	0.200	—	0.020	0.050
	873114001	数字电压表	台班	0.100	—	—	0.050
	870613013	兆欧表	台班	0.030	—	0.030	—
	873174017	线号打印机	台班	—	—	0.030	—
	870622055	接地电阻测试仪	台班	—	—	0.050	—

六、仪表设备与管路脱脂

工作内容： 表计拆装、浸泡、脱脂、擦洗、检查、封口、送检。 **计量单位：** 见表

编号				6-7-60	6-7-61	6-7-62	6-7-63	6-7-64	6-7-65
项目				压力表	变送器调节阀	孔板	仪表阀门	仪表附件	仪表管路
单位				块	台	块	个	套	10m
名称			单位	消耗量					
人工	000203000	综合二类工	工日	0.251	0.540	0.210	0.185	0.035	0.477
材料	256101002	脱脂用黑光灯	组	（0.020）	（0.050）	（0.010）	（0.010）	（0.010）	（0.030）
	143517003	脱脂剂	kg	（1.000）	（7.000）	（2.050）	（1.000）	（0.500）	（1.500）
	143303001	酒精	kg	0.100	0.500	0.500	0.100	0.100	0.300
	311921001	白滤纸	张	2.000	6.000	2.000	3.000	1.000	4.000
	022703006	细白布 宽900	m	0.100	0.400	0.400	0.200	0.100	0.250
	031507016	镀锌铁丝 ϕ2.5～1.4	kg	—	—	—	—	—	0.100
	850103006	其他材料费（占材料费）	%	5.000	5.000	5.000	5.000	5.000	5.000
机械	991003020	电动空气压缩机 0.6m^3/min	台班	—	—	—	—	—	0.060

第八章

自动化线路、通信

说 明

一、本章内容包括自动化仪表线路（系统电缆、自动化电缆、光缆、同轴电缆）敷设、通信设备安装和试验、其他项目安装调试。

1. 自动化电缆敷设适用控制电缆、仪表电源电缆、屏蔽或非屏蔽电缆（线）、补偿导线（缆）等仪表所用电缆（线），综合沿桥架支架、电缆沟或穿管敷设，不区分安装方式。

2. 自动化电缆规格只适用 $10mm^2$ 以下（包括 $10mm^2$）自动化线路敷设，$10mm^2$ 以上，应执行第四册《电气设备与线缆安装工程》相应项目。

3. 电缆和配管支架、托架制作安装，应执行第四册《电气设备与线缆安装工程》相应项目，桥架支撑和托臂是成品件时，执行本册相应项目。

4. 无线电台、无线天线用于无线数据传输，用于工业装置区，范围较小。如覆盖区域较广，应执行第十一册《信息通信设备与线缆安装工程》。无线电台天线塔架、支架制作安装，应执行第四册《电气设备与线缆安装工程》相应项目。

5. 接地系统接地极、接地母线安装和系统试验、降阻剂埋设，应执行第四册《电气设备与线缆安装工程》相应项目。

6. 光缆敷设为多模光缆，用于局域网，不适用单模光缆。

7. 供电电源和不间断电源安装试验，应执行第四册《电气设备与线缆安装工程》相应项目。

二、本章包括以下工作内容：领料、开箱检查、准备、运输、敷设、固定、绝缘检查、校线、挂牌、记录等。此外还包括下列内容：

1. 系统电缆敷设、插头检查、敷设时揭盖地板。

2. 自动化电缆终端头制作：AC、DC 接地线焊接、接地电阻测试、校接线、套线号、电缆测试。

3. 光缆敷设、接头测试、熔接、接续、接头盒安装、地线装置安装、成套附件安装、复测衰耗、安装加感线圈、包封外护套、充气试验。

4. 光缆成端接头：活接头制作、固定、测试衰耗、光缆终端头固定。

5. GPS 收发机安装测试、无线电台、无线电台天线、环形天线、增益天线安装。

6. 中继段测试：光纤特性测试、铜导线电气性能测试、护套对地测试、障碍处理。

7. 通信设备：单元检查、功能试验，电话装置调整功放和放大级电压、电平、振荡输出电平、电源电压、工作电压及感应电话的谐振频率，以及扬声器音量、音响信号、通话、呼叫试验等。

三、本章不包括以下工作内容：

1. 支架、机架、框架、托架、塔架、跳线架等制作和安装。

2. 光中继器埋设。

3. 挖填土工程、开挖路面工程。

4. 不间断电源及蓄电池安装和配套的发电机组。

5. 保护管和接地系统安装和调试。

四、相关说明：

1. 电缆、光缆、同轴电缆敷设时，需另加穿墙、穿楼板以及拐弯的余量；电缆接至现场仪表处增加 1.50m 的预留长度。接至盘上，按盘高加盘宽预留长度。敷设时，还要增加一定的余量，余量按电气电缆敷设规定执行。

2. 穿线盒工程量计算按每 10m 配管 2.80 个穿线盒考虑，材料费按实计算。

3. 扩音对讲系统连接采用总线式连接和集中供电形式。每个系统具有广播和对讲功能、独立电源和功放功能，都有呼叫按钮。扩音对讲话站分为无主机的形式和有主机形式，无主机形式具有多通道系统，系统内话站广播和通话不需要主机控制，有主机形式增加数字程控调度机。扩音对讲话站安装分为室内和室外，安装形式有普通型、防爆型、防水型、壁挂式、落地式、台面安装式。

4. 数字程控指令电话系统包括系统电源等模块。主机容量“路”是“个呼＋齐呼＋组呼”的呼叫通路数量。数字程控指令电话系统用于指挥调度、应急广播通信、指令电话通信（与交换机、调度机相连）、指令电话扩音等。

5. 数字程序指令呼叫系统试验，按主放大器功率计算。

6. GPS 接收机主要由天线单元、主机单元、电源三部分组成。GPS 接收机安装于运动的物体上，天线置于接收机内。测试内容是对接收机接收信号进行跟踪、处理和量测。

7. 铠装电缆终端制作安装，按相应规格电缆终端制作安装项目人工费乘以 1.10 系数计算。

工程量计算规则

一、电缆、光缆、同轴电缆敷设，分别以“100m”为计量单位；带专用插头的系统电缆按芯数，分别以“根”为计量单位。

二、电缆终端制作、安装按芯数为步距，分别以“个”为计量单位。

三、光缆接头，以“芯/束”为计量单位；光缆成端头，分别以“个”为计量单位。

四、穿线盒，以“10个”为计量单位。

五、扩音对讲话站安装，以“台”作为计量单位。

六、数字程控指令电话系统主机安装试验以主机容量“路”为步距，分别以“套”为计量单位。

七、数字程序指令呼叫系统设备安装校接线，以40门组成一套计算安装工程量。

八、金属挠性管安装，以“10根”为计量单位，包括接头安装、防爆挠性管的密封。

九、GPS接收机安装测试，以“台”为计量单位。

十、无线电台安装，以“台”为计量单位。无线电台天线按4扇一组计算。

十一、孔洞封堵防爆胶泥和发泡剂，以“kg”为计量单位。

十二、采用铜包钢材质的接地极和接地母线需要焊接时，执行本册铜包钢焊接项目，按一个焊接“点”为计量单位。

一、自动化线路敷设

1. 自动化线缆敷设

工作内容：开箱检查、绝缘检查、敷设、固定、挂牌。架线盘、切断、固定、临时封头。 **计量单位：**100m

编号				6-8-1	6-8-2	6-8-3	6-8-4
项目				带专用插头系统电缆敷设（芯以内）			
				10	20	36	50
名称			单位	消耗量			
人工	000203000	综合二类工	工日	0.301	0.351	0.425	0.495
材料	280008017	系统电缆	根	（1.000）	（1.000）	（1.000）	（1.000）
	021301001	尼龙扎带（综合）	根	5.000	7.000	7.000	7.000
	341304005	位号牌	个	2.000	2.000	2.000	2.000
	850103006	其他材料费（占材料费）	%	5.000	5.000	5.000	5.000
机械	990401015	载重汽车 4t	台班	0.005	0.006	0.007	0.010
	873174013	铭牌打印机	台班	0.024	0.024	0.024	0.024
	870622055	接地电阻测试仪	台班	0.015	0.015	0.015	0.015
	870613023	手持式万用表	台班	0.064	0.074	0.090	0.105

工作内容：开箱检查、绝缘检查、敷设、固定、挂牌。架线盘、切断、固定、临时封头。 **计量单位：**100m

编号				6-8-5	6-8-6	6-8-7	6-8-8
项目				通信缆线敷设（对以内）			
				4	25	50	50 以外
名称			单位	消耗量			
人工	000203000	综合二类工	工日	0.556	1.558	1.935	2.409
材料	280113002	超五类屏蔽双绞线	m	（102.000）	（102.000）	（102.000）	（102.000）
	021301001	尼龙扎带（综合）	根	2.000	5.000	8.000	10.000
	031507016	镀锌铁丝 ϕ2.5～1.4	kg	0.300	0.100	0.100	0.100
	850103006	其他材料费（占材料费）	%	5.000	5.000	5.000	5.000
机械	990401015	载重汽车 4t	台班	—	0.010	0.020	0.030

工作内容：开箱检查、绝缘检查、敷设、固定、挂牌。架线盘、切断、固定、临时封头。 **计量单位**：100m

编号				6-8-9	6-8-10	6-8-11	6-8-12
项目				电缆敷设规格（1.5mm² 以内）			
				电缆芯数（芯以内）			
				2	4	6	12
		名称	单位	消耗量			
人工	000203000	综合二类工	工日	1.464	1.569	1.944	2.637
材料	280008002	电缆（综合）	m	（102.000）	（102.000）	（102.000）	（102.000）
	290639002	镀锌电缆卡子（综合）	个	6.000	6.000	6.000	5.000
	144301001	绝缘胶布 20m/卷	卷	0.300	0.300	0.200	0.100
	021301001	尼龙扎带（综合）	根	2.000	2.000	3.000	4.000
	031507016	镀锌铁丝 ϕ2.5～1.4	kg	0.300	0.300	0.200	0.200
	850103006	其他材料费（占材料费）	%	5.000	5.000	5.000	5.000
机械	990401015	载重汽车 4t	台班	—	0.004	0.005	0.007
	990304016	汽车式起重机 16t	台班	—	—	—	0.006

工作内容：开箱检查、绝缘检查、敷设、固定、挂牌。架线盘、切断、固定、临时封头。 **计量单位**：100m

编号				6-8-13	6-8-14	6-8-15	6-8-16
项目				电缆敷设规格（1.5mm² 以内）			
				电缆芯数（芯以内）			
				24	39	48	61
		名称	单位	消耗量			
人工	000203000	综合二类工	工日	2.740	3.596	4.514	6.463
材料	280008002	电缆（综合）	m	（102.000）	（102.000）	（102.000）	（102.000）
	290639002	镀锌电缆卡子（综合）	个	5.000	4.000	4.000	4.000
	144301001	绝缘胶布 20m/卷	卷	0.080	0.060	0.050	0.060
	021301001	尼龙扎带（综合）	根	4.000	4.000	4.000	4.000
	031507016	镀锌铁丝 ϕ2.5～1.4	kg	0.150	—	—	—
	022703006	细白布 宽 900	m	—	0.060	0.060	0.100
	850103006	其他材料费（占材料费）	%	5.000	5.000	5.000	5.000
机械	990304016	汽车式起重机 16t	台班	0.009	0.016	0.018	0.024
	990401015	载重汽车 4t	台班	0.011	0.013	0.017	0.021

工作内容：开箱检查、绝缘检查、敷设、固定、挂牌。架线盘、切断、固定、临时封头。 **计量单位**：100m

编号				6-8-17	6-8-18	6-8-19	6-8-20
项目				电缆敷设规格（2.5mm² 以内）			
				电缆芯数（芯以内）			
				2	4	6	12
		名称	单位	消耗量			
人工	000203000	综合二类工	工日	1.608	1.797	2.183	2.833
材料	280008002	电缆（综合）	m	（102.000）	（102.000）	（102.000）	（102.000）
	290639002	镀锌电缆卡子（综合）	个	6.000	6.000	5.000	5.000
	144301001	绝缘胶布 20m/卷	卷	0.300	0.300	0.300	0.250
	021301001	尼龙扎带（综合）	根	2.000	2.000	3.000	4.000
	031507016	镀锌铁丝 ϕ2.5～1.4	kg	0.300	0.300	0.200	0.200
	850103006	其他材料费（占材料费）	%	5.000	5.000	5.000	5.000
机械	990304016	汽车式起重机 16t	台班	—	—	—	0.006
	990401015	载重汽车 4t	台班	—	0.005	0.006	0.008

工作内容：开箱检查、绝缘检查、敷设、固定、挂牌。架线盘、切断、固定、临时封头。 **计量单位**：100m

编号				6-8-21	6-8-22	6-8-23
项目				电缆敷设规格（2.5mm² 以内）		
				电缆芯数（芯以内）		
				24	48	61
名称			单位	消耗量		
人工	000203000	综合二类工	工日	3.594	5.956	8.109
材料	280008002	电缆（综合）	m	（102.000）	（102.000）	（102.000）
	290639002	镀锌电缆卡子（综合）	个	4.000	3.000	3.000
	144301001	绝缘胶布 20m/卷	卷	0.100	0.080	0.080
	021301001	尼龙扎带（综合）	根	4.000	6.000	6.000
	022703006	细白布 宽 900	m	0.060	0.060	0.100
	031507016	镀锌铁丝 ϕ2.5～1.4	kg	0.150	0.150	—
	850103006	其他材料费（占材料费）	%	5.000	5.000	5.000
机械	990304016	汽车式起重机 16t	台班	0.011	0.014	0.018
	990401015	载重汽车 4t	台班	0.015	0.015	0.019

工作内容：开箱检查、绝缘检查、敷设、固定、挂牌。架线盘、切断、固定、临时封头。 **计量单位**：100m

编号				6-8-24	6-8-25	6-8-26	6-8-27
项目				电缆敷设规格（10mm² 以内）			
				电缆芯数（芯以内）			
				3	6	10	14
名称			单位	消耗量			
人工	000203000	综合二类工	工日	2.805	3.691	5.201	6.236
材料	280008002	电缆（综合）	m	（102.000）	（102.000）	（102.000）	（102.000）
	290639002	镀锌电缆卡子（综合）	个	5.000	4.000	3.000	3.000
	144301001	绝缘胶布 20m/卷	卷	0.100	0.150	0.200	0.300
	021301001	尼龙扎带（综合）	根	4.000	4.000	5.000	5.000
	031507016	镀锌铁丝 ϕ2.5～1.4	kg	0.300	0.200	0.150	0.150
	850103006	其他材料费（占材料费）	%	5.000	5.000	5.000	5.000
机械	990304016	汽车式起重机 16t	台班	0.008	0.012	0.017	0.021
	990401015	载重汽车 4t	台班	0.008	0.013	0.019	0.023

工作内容： 开箱检查、绝缘检查、敷设、固定、挂牌。架线盘、切断、固定、临时封头。 **计量单位：** 个

编号				6-8-28	6-8-29	6-8-30	6-8-31	6-8-32
项目				电缆终端头制作安装规格（2.5mm²）				
				电缆芯数（芯以内）				
				2	4	6	12	24
名称			单位	消耗量				
人工	000203000	综合二类工	工日	0.168	0.221	0.275	0.379	0.537
材料	182907001	热缩管（综合）	m	（0.150）	（0.150）	（0.150）	（0.150）	（0.150）
	290639002	镀锌电缆卡子（综合）	个	0.500	0.500	0.500	0.500	0.500
	290901001	接线铜端子头	个	2.200	4.400	6.600	13.200	26.400
	284309003	接地线 5.5～16mm²	m	0.600	0.600	0.600	0.600	0.600
	280317005	铜芯塑料绝缘软电线 BVR-1.5mm²	m	0.500	0.500	0.500	0.500	0.500
	271799001	电气绝缘胶带 18mm × 10m × 0.13mm	卷	0.036	0.072	0.108	0.216	0.432
	340515001	标签纸（综合）	m	0.050	0.070	0.080	0.140	0.200
	021301001	尼龙扎带（综合）	根	0.500	0.500	0.500	0.500	0.500
	290697001	线号套管（综合）	m	0.100	0.160	0.250	0.500	0.800
	031102005	铁砂布 0#～2#	张	0.100	0.200	0.400	0.540	0.450
	022703006	细白布 宽 900	m	0.050	0.050	0.050	0.050	0.050
	341304005	位号牌	个	1.000	1.000	1.000	1.000	1.000
	850103006	其他材料费（占材料费）	%	5.000	5.000	5.000	5.000	5.000
机械	873174013	铭牌打印机	台班	0.012	0.012	0.012	0.012	0.012
	873174017	线号打印机	台班	0.004	0.008	0.012	0.024	0.048
	870622055	接地电阻测试仪	台班	0.050	0.050	0.050	0.050	0.050
	873152063	数字式快速对线仪	台班	0.010	0.015	0.020	0.025	0.030
	873152014	电缆测试仪	台班	0.010	0.010	0.010	0.010	0.010
	870613023	手持式万用表	台班	0.028	0.037	0.045	0.063	0.089
	870613013	兆欧表	台班	0.030	0.030	0.030	0.030	0.030
	873150102	对讲机（一对）	台班	0.028	0.037	0.045	0.063	0.089

工作内容：开箱检查、绝缘检查、敷设、固定、挂牌。架线盘、切断、固定、临时封头。 **计量单位：**个

编号				6-8-33	6-8-34	6-8-35	6-8-36
项目				电缆终端头制作安装规格（2.5mm²）			
				电缆芯数（芯以内）			
				39	48	54	61
名称			单位	消耗量			
人工	000203000	综合二类工	工日	0.876	1.088	1.225	1.379
材料	182907001	热缩管（综合）	m	（0.150）	（0.150）	（0.150）	（0.150）
	290639002	镀锌电缆卡子（综合）	个	0.500	0.500	0.500	0.500
	290901001	接线铜端子头	个	42.900	52.800	59.400	67.100
	284309003	接地线 5.5～16mm²	m	0.600	0.600	0.600	0.600
	280317005	铜芯塑料绝缘软电线 BVR-1.5mm²	m	0.500	0.500	0.500	0.500
	271799001	电气绝缘胶带 18mm × 10m × 0.13mm	卷	0.562	0.691	0.778	0.878
	340515001	标签纸（综合）	m	0.400	0.500	0.600	0.700
	021301001	尼龙扎带（综合）	根	0.500	0.500	0.500	0.500
	290697001	线号套管（综合）	m	2.000	2.400	2.800	3.000
	031102005	铁砂布 0#～2#	张	0.600	0.700	1.000	1.500
	022703006	细白布 宽 900	m	0.050	0.050	0.050	0.050
	341304005	位号牌	个	1.000	1.000	1.000	1.000
	850103006	其他材料费（占材料费）	%	5.000	5.000	5.000	5.000
机械	873174013	铭牌打印机	台班	0.012	0.012	0.012	0.012
	873174017	线号打印机	台班	0.078	0.096	0.108	0.122
	870622055	接地电阻测试仪	台班	0.050	0.050	0.050	0.050
	873152063	数字式快速对线仪	台班	0.050	0.060	0.070	0.080
	873152014	电缆测试仪	台班	0.010	0.010	0.010	0.010
	870613023	手持式万用表	台班	0.145	0.180	0.203	0.226
	870613013	兆欧表	台班	0.030	0.030	0.030	0.030
	873150102	对讲机（一对）	台班	0.145	0.180	0.203	0.226

工作内容：开箱检查、绝缘检查、敷设、固定、挂牌。架线盘、切断、固定、临时封头。 **计量单位：**个

编号				6-8-37	6-8-38	6-8-39	6-8-40
项目				电缆终端头制作安装规格（10mm²）			
				电缆芯数（芯以内）			
				3	6	10	14
名称			单位	消耗量			
人工	000203000	综合二类工	工日	0.215	0.322	0.454	0.571
材料	182907001	热缩管（综合）	m	（0.150）	（0.150）	（0.150）	（0.150）
	290639002	镀锌电缆卡子（综合）	个	0.500	0.500	0.500	0.500
	284309003	接地线 5.5～16mm²	m	0.600	0.600	0.600	0.600
	340515001	标签纸（综合）	m	0.300	0.300	0.300	0.300
	021301001	尼龙扎带（综合）	根	0.500	0.500	0.500	0.500
	290697001	线号套管（综合）	m	0.160	0.250	0.340	0.430
	031102005	铁砂布 0#～2#	张	0.600	0.700	0.800	0.900
	022703006	细白布 宽 900	m	0.050	0.050	0.050	0.050
	341304005	位号牌	个	1.000	1.000	1.000	1.000
	290901009	铜接线端子	个	3.300	6.600	11.000	15.400
	144303016	塑料胶布带 20mm × 50m	卷	0.068	0.135	0.225	0.315
	850103006	其他材料费（占材料费）	%	5.000	5.000	5.000	5.000
机械	873174013	铭牌打印机	台班	0.012	0.012	0.012	0.012
	873174017	线号打印机	台班	0.006	0.012	0.020	0.028
	870622055	接地电阻测试仪	台班	0.050	0.050	0.050	0.050
	873152063	数字式快速对线仪	台班	0.010	0.015	0.025	0.030
	873152014	电缆测试仪	台班	0.010	0.010	0.010	0.010
	870613023	手持式万用表	台班	0.036	0.053	0.075	0.095
	870613013	兆欧表	台班	0.030	0.030	0.030	0.030
	873150102	对讲机（一对）	台班	0.036	0.053	0.075	0.095

工作内容：开箱检查、绝缘检查、敷设、固定、挂牌。架线盘、切断、固定、临时封头。 **计量单位：**个

编号				6-8-41	6-8-42	6-8-43	6-8-44
项目				通信缆线终端（对芯）			
				4	25	50	每增 4 对芯
名称			单位	消耗量			
人工	000203000	综合二类工	工日	0.069	0.179	0.294	0.031
材料	290634008	电缆线接头	个	（1.000）	—	—	—
	020907001	清洁布 250 × 250	块	0.200	0.400	0.500	0.020
	340515001	标签纸（综合）	m	—	0.100	0.100	—
	850103006	其他材料费（占材料费）	%	5.000	5.000	5.000	5.000
机械	873138001	网络测试仪	台班	0.012	0.030	0.049	0.005
	873150102	对讲机（一对）	台班	0.014	0.037	0.061	0.006

2. 光缆敷设

工作内容：敷设、复测试验、接头熔接、接续、成套附件安装、固定。 **计量单位：**100m

编号				6-8-45	6-8-46	6-8-47
项目				光缆敷设（6芯/束以内）		
				沿桥架支架	沿电缆沟/埋地	穿保护管
名称			单位	消耗量		
人工	000203000	综合二类工	工日	1.804	1.392	2.435
材料	280015002	光缆	m	（102.000）	（102.000）	（102.000）
	290634003	电缆卡子（综合）	个	5.000	2.000	—
	021301001	尼龙扎带（综合）	根	3.000	5.000	—
	031507016	镀锌铁丝 ϕ2.5～1.4	kg	—	—	0.300
	850103006	其他材料费（占材料费）	%	5.000	5.000	5.000
机械	990401015	载重汽车 4t	台班	0.002	0.002	0.002
	990304016	汽车式起重机 16t	台班	0.002	0.002	0.002

工作内容：敷设、复测试验、接头熔接、接续、成套附件安装、固定。 **计量单位：**见表

编号				6-8-48	6-8-49	6-8-50	6-8-51
项目				光缆敷设（12芯/束以内）		光缆接头制作（芯/束以内）	
				沿槽盒支架	沿电缆沟/埋地	6	12
单位				100m		个	
名称			单位	消耗量			
人工	000203000	综合二类工	工日	2.598	1.479	0.780	1.284
材料	280015002	光缆	m	（102.000）	（102.000）	—	—
	292711003	成套附件	套	—	—	（1.000）	（1.000）
	181625010	熔接接头及器材	套	—	—	（1.000）	（1.000）
	291111003	光缆接头盒	套	—	—	（1.000）	（1.000）
	554911002	加感线圈	个	—	—	（1.000）	（1.000）
	292703006	地线装置	套	—	—	（1.000）	（1.000）
	282515007	接续材料	套	—	—	（6.000）	（12.000）
	290634003	电缆卡子（综合）	个	4.000	2.000	—	—
	021301001	尼龙扎带（综合）	根	4.000	3.000	—	—
	022703006	细白布 宽900	m	—	—	0.100	0.100
	341304005	位号牌	个	—	—	1.000	1.000
	850103006	其他材料费（占材料费）	%	5.000	5.000	5.000	5.000
机械	873174013	铭牌打印机	台班	—	—	0.012	0.012
	871122026	光纤熔接机	台班	—	—	0.030	0.060
	871122001	光纤测试仪	台班	—	—	0.072	0.119
	871122030	光功率计	台班	—	—	0.109	0.179
	871122010	手持光损耗测试仪	台班	—	—	0.036	0.060
	871122050	手提式光纤多用表	台班	—	—	0.072	0.119
	990401015	载重汽车 4t	台班	0.005	0.005	—	—
	990304016	汽车式起重机 16t	台班	0.005	0.005	—	—

工作内容：敷设、复测试验、接头熔接、接续、成套附件安装、固定。 计量单位：见表

编号				6-8-52	6-8-53	6-8-54
项目				光缆成端头	光缆中继段测试	光电端机
单位				个	段	台
名称			单位	消耗量		
人工	000203000	综合二类工	工日	0.393	0.903	2.071
材料	282515005	光缆终端活接头及附件	套	（1.010）	—	—
	284309003	接地线 5.5～16mm²	m	—	—	1.000
	022703006	细白布 宽 900	m	—	—	0.200
	341304005	位号牌	个	1.000	—	1.000
	850103006	其他材料费（占材料费）	%	5.000	5.000	5.000
机械	871122010	手持光损耗测试仪	台班	—	0.044	—
	873174013	铭牌打印机	台班	0.012	—	0.012
	871122001	光纤测试仪	台班	0.036	0.088	0.200
	871122030	光功率计	台班	0.054	0.132	0.300
	871119029	高稳定度光源	台班	—	0.132	0.300
	871122050	手提式光纤多用表	台班	0.036	0.088	0.200

3. 同轴电缆敷设

工作内容：运输、开箱检查、架线盘、敷设、切断、固定、临时封头。 计量单位：见表

编号				6-8-55	6-8-56	6-8-57	6-8-58	6-8-59
项目				沿桥架/支架敷设（芯以内）		穿管敷设	同轴电缆终端头制作（芯以内）	
				2	8		2	8
单位				100m			个	
名称			单位	消耗量				
人工	000203000	综合二类工	工日	1.232	1.631	1.932	0.100	0.245
材料	282901002	同轴电缆	m	（102.000）	（102.000）	（102.000）	—	—
	290725002	同轴电缆终端接头及附件	套	—	—	—	（1.000）	（1.000）
	290634003	电缆卡子（综合）	个	6.000	4.500	—	—	—
	021301001	尼龙扎带（综合）	根	9.000	9.000	—	—	—
	144301001	绝缘胶布 20m/卷	卷	0.005	0.010	0.010	—	—
	022703006	细白布 宽 900	m	0.020	0.050	0.050	—	—
	284309003	接地线 5.5～16mm²	m	—	—	—	1.000	1.000
	031102005	铁砂布 0#～2#	张	—	—	—	0.300	1.000
	850103006	其他材料费（占材料费）	%	5.000	5.000	5.000	5.000	5.000
机械	990401015	载重汽车 4t	台班	—	0.010	0.005	—	—
	990304016	汽车式起重机 16t	台班	—	0.010	0.005	—	—
	870613023	手持式万用表	台班	—	—	—	0.011	0.044

二、通信设备安装和试验

1. 扩音对讲系统安装调试

工作内容：安装、对号、校接线、单元检查、调整、呼叫、通话系统试验。 **计量单位：**台

编号				6-8-60	6-8-61	6-8-62	6-8-63	6-8-64	6-8-65
项目				扩音对讲话站					
				室外普通式	防爆型	防水型	室内壁挂式	桌面安装	扩音对讲转接器
名称			单位	消耗量					
人工	000203000	综合二类工	工日	0.463	0.544	0.463	0.440	0.232	0.197
材料	020907001	清洁布 250×250	块	0.300	0.300	0.300	0.300	0.300	0.300
	284309003	接地线 5.5～16mm^2	m	—	1.000	—	—	—	—
	133504003	密封剂	kg	—	0.025	—	0.050	—	—
	850103006	其他材料费（占材料费）	%	5.000	5.000	5.000	5.000	—	5.000
机械	870613023	手持式万用表	台班	0.022	0.022	0.022	0.022	0.022	0.029
	873150102	对讲机（一对）	台班	0.036	0.036	0.036	0.036	0.036	0.048
	870622055	接地电阻测试仪	台班	—	0.050	—	—	—	—

工作内容：安装、对号、校接线、单元检查、调整、呼叫、通话系统试验。 **计量单位：**台

编号				6-8-66	6-8-67	6-8-68	6-8-69	6-8-70	6-8-71
项目				扩音对讲话站		扩音对讲话机安装			
				电源控制箱	数字程控调度机	普通型	防爆带箱型	无线普通型	无线防爆带箱型
名称			单位	消耗量					
人工	000203000	综合二类工	工日	2.381	5.672	0.077	0.354	0.121	0.354
材料	022703005	细白布（综合）	m	0.400	0.400	0.100	0.050	—	—
	133504002	防爆阻燃密封剂	kg	—	—	—	0.025	—	—
	020907001	清洁布 250×250	块	0.500	0.500	—	—	—	—
	284309003	接地线 5.5～16mm^2	m	1.000	1.000	—	—	—	—
	271703004	塑料胶带	m	3.000	—	—	—	—	—
	850103006	其他材料费（占材料费）	%	5.000	5.000	5.000	5.000	5.000	5.000
机械	873114001	数字电压表	台班	0.066	0.352	—	—	—	—
	870622055	接地电阻测试仪	台班	0.050	0.050	0.050	0.050	0.050	0.050
	870613023	手持式万用表	台班	0.066	0.528	—	—	0.150	0.150
	873150102	对讲机（一对）	台班	0.120	0.960	—	—	0.048	0.048

工作内容：安装、对号、校接线、单元检查、调整、呼叫、通话系统试验。　　**计量单位：**台

编号				6-8-72	6-8-73	6-8-74	6-8-75	6-8-76
项目				扩音设备安装				
				防爆防水扬声器	扩音转接器	阻抗均衡器	防爆增音器	吸顶式音箱
名称			单位	消耗量				
人工	000203000	综合二类工	工日	0.441	0.176	0.132	0.155	0.331
材料	022703005	细白布（综合）	m	0.050	—	—	—	—
	284309003	接地线 5.5～16mm^2	m	1.000	—	—	—	—
	020907001	清洁布 250×250	块	—	0.200	0.200	0.200	—
	850103006	其他材料费（占材料费）	%	5.000	5.000	5.000	5.000	5.000
机械	990512010	平台作业升降车 9m	台班	0.080	—	—	—	—
	870622055	接地电阻测试仪	台班	0.050	—	—	—	—
	870613023	手持式万用表	台班	—	0.034	0.022	0.028	—
	873114001	数字电压表	台班	—	0.034	0.022	0.028	—
	873150102	对讲机（一对）	台班	—	0.048	0.032	0.040	—

工作内容：安装、对号、校接线、单元检查、调整、呼叫、通话系统试验。　　**计量单位：**见表

编号				6-8-77	6-8-78	6-8-79	6-8-80	6-8-81
项目				扩音设备安装		对讲电话调试		
				壁挂式音箱	扩音调度台	集中放大式	相互式	复合式
单位				台		套		
名称			单位	消耗量				
人工	000203000	综合二类工	工日	0.199	0.429	4.631	2.701	6.175
材料	022703005	细白布（综合）	m	0.050	—	—	—	—
	020907001	清洁布 250×250	块	—	0.400	—	—	—
	850103006	其他材料费（占材料费）	%	5.000	5.000	5.000	5.000	5.000
机械	870613023	手持式万用表	台班	—	0.084	1.680	0.980	2.240
	873114001	数字电压表	台班	—	0.084	1.680	0.980	3.200
	870699132	综合测试仪	台班	—	0.024	0.480	0.280	0.640
	873150102	对讲机（一对）	台班	—	0.120	2.400	1.400	3.200

2. 自动指令呼叫系统和载波电话安装试验

工作内容：安装、对号、校接线、单元检查、调整、呼叫、通话系统试验。 **计量单位：**见表

编号				6-8-82	6-8-83	6-8-84	6-8-85	6-8-86
项目				数字程控指令呼叫主机机柜安装试验				
				主机机柜安装调试（容量）				系统电源模块
				16	32	48	60	
单位				路				个
名称			单位	消耗量				
人工	000203000	综合二类工	工日	4.246	6.397	12.139	14.949	0.331
材料	284309003	接地线 5.5～16mm²	m	1.500	1.500	1.500	1.500	—
	022703006	细白布 宽 900	m	0.300	0.300	0.500	0.500	—
	850103006	其他材料费（占材料费）	%	5.000	5.000	5.000	5.000	5.000
机械	870613023	手持式万用表	台班	0.226	0.374	0.881	1.096	—
	870613013	兆欧表	台班	0.030	0.030	0.030	0.030	—
	870622055	接地电阻测试仪	台班	0.050	0.050	0.050	0.050	—
	873150102	对讲机（一对）	台班	0.330	0.440	0.550	0.660	0.055

工作内容：安装、对号、校接线、单元检查、调整、呼叫、通话系统试验。 **计量单位：**套

编号				6-8-87	6-8-88	6-8-89
项目				自动指令呼叫设备安装校线（40 门）	自动指令呼叫装置调试	
					主放大器 1kW	主放大器 3kW
名称			单位	消耗量		
人工	000203000	综合二类工	工日	10.320	6.306	7.761
材料	284309003	接地线 5.5～16mm²	m	4.000	—	—
	022703006	细白布 宽 900	m	0.500	—	—
	850103006	其他材料费（占材料费）	%	5.000	5.000	5.000
机械	873150102	对讲机（一对）	台班	—	1.049	1.291
	870613023	手持式万用表	台班	1.030	1.258	1.549
	870699132	综合测试仪	台班	—	0.839	1.033
	873150005	PCM 话路特性测试仪	台班	—	0.839	1.033
	873114001	数字电压表	台班	—	1.049	1.291

工作内容：安装、对号、校接线、单元检查、调整、呼叫、通话系统试验。 **计量单位**：见表

编号				6-8-90	6-8-91	6-8-92	6-8-93
项目				载波电话安装调试			GPS 收发机安装测试
				固定局	移动局	系统调试	
单位				套		台	
		名称	单位	消耗量			
人工	000203000	综合二类工	工日	1.466	1.940	13.231	0.121
材料	022703005	细白布（综合）	m	0.300	0.300	—	—
	144303016	塑料胶布带 20mm×50m	卷	0.050	0.050	—	—
	850103006	其他材料费（占材料费）	%	5.000	5.000	5.000	5.000
机械	990401005	载重汽车 2t	台班	0.010	0.010	—	0.020
	870613023	手持式万用表	台班	0.099	0.198	—	—
	873150102	对讲机（一对）	台班	0.341	0.452	3.080	0.028
	873150005	PCM 话路特性测试仪	台班	—	—	1.760	—
	873114001	数字电压表	台班	—	—	2.200	—
	870199011	笔记本电脑	台班	—	—	1.760	0.028

工作内容：安装、对号、校接线、单元检查、调整、呼叫、通话系统试验。 **计量单位**：见表

编号				6-8-94	6-8-95	6-8-96	6-8-97
项目				无线电台	无线电台天线（4 扇/组）	环形天线安装	增益天线安装
单位				台		组	
		名称	单位	消耗量			
人工	000203000	综合二类工	工日	0.298	2.381	0.661	0.856
材料	022703006	细白布 宽 900	m	—	—	0.200	0.200
	144303016	塑料胶布带 20mm×50m	卷	0.050	—	0.050	—
	850103006	其他材料费（占材料费）	%	5.000	5.000	5.000	5.000
机械	870199011	笔记本电脑	台班	0.069	—	—	—
	990401005	载重汽车 2t	台班	0.010	0.100	0.010	0.010
	870613023	手持式万用表	台班	—	—	0.004	0.044
	873150102	对讲机（一对）	台班	0.069	0.554	0.154	0.199

三、其他项目安装

工作内容：防爆挠性管安装、密封、接头安装。　　计量单位：见表

编号				6-8-98	6-8-99	6-8-100	6-8-101
项目				金属穿线盒		金属挠性管安装	
				普通型	防爆型	普通型	防爆型
单位				10个		10根	
名称			单位	消耗量			
人工	000203000	综合二类工	工日	0.561	0.700	0.556	0.706
材料	291110002	穿线盒	个	(10.200)	(10.200)	—	—
	183117003	挠性管（带接头）	根	—	—	(10.100)	(10.100)
	143505004	清洗液 500mL	瓶	0.100	—	0.300	—
	022703006	细白布 宽 900	m	0.050	0.020	0.050	0.020
	133504002	防爆阻燃密封剂	kg	—	0.080	—	0.015
	850103006	其他材料费（占材料费）	%	5.000	5.000	5.000	5.000

工作内容：防爆挠性管安装、密封、接头安装。　　计量单位：10个

编号				6-8-102	6-8-103	6-8-104	6-8-105
项目				电缆密封接头		隔离密封盒	
				普通型	防爆型	普通型	防爆型
名称			单位	消耗量			
人工	000203000	综合二类工	工日	0.157	0.296	0.616	0.724
材料	290634006	电缆密封接头	套	(10.200)	(10.200)	—	—
	291111004	光缆接线密封盒	个	—	—	(10.000)	(10.000)
	022703006	细白布 宽 900	m	0.010	0.010	—	—
	133504002	防爆阻燃密封剂	kg	—	0.010	—	0.010
	850103006	其他材料费（占材料费）	%	5.000	5.000	5.000	5.000

工作内容：防爆挠性管安装、密封、接头安装。　　计量单位：见表

编号				6-8-106	6-8-107	6-8-108
项目				孔洞封堵		铜包钢接地焊接
				防爆胶泥	发泡剂	
单位				kg		点
名称			单位	消耗量		
人工	000203000	综合二类工	工日	0.049	0.109	0.077
材料	801509002	防爆胶泥	kg	(1.040)	—	—
	143525003	发泡剂	kg	—	(1.040)	—
	215505002	点火器具及附件	套	—	—	(0.100)
	031305005	焊药（铜包钢）	包	—	—	(1.000)
	022703006	细白布 宽 900	m	0.030	0.030	0.010
	031102005	铁砂布 $0^{\#}$～$2^{\#}$	张	—	—	0.250
	850103006	其他材料费（占材料费）	%	5.000	5.000	5.000

第九章

仪表盘、箱、柜及附件安装

说 明

一、本章内容包括各种仪表盘、柜、箱、盒安装，盘柜附件、元件安装与制作，盘、柜校接线。

二、本章包括以下工作内容：

1. 盘柜安装：开箱、检查、清扫、领搬、找正、组装、固定、接地、打印标签。

2. 盘配线、端子板校接线、接线检查、排线、打印字码、套线号、挂焊锡或压接端子、专用插头检查校线、盘内线路检查。

3. 控制室密封：密封剂领搬、密封、固化、检查。

4. 盘上元件：安装、检查、校接线、试验、接地。

5. 接线箱：安装、接线检查、套线号、接地。

6. 电磁阀箱：箱及箱内阀安装、接线、接地、接管、挂位号牌。

7. 充气式仪表柜充气试压，密封性能试验检测。

三、本章不包括以下工作内容：

1. 支架制作和安装。

2. 盘、箱、柜底座制作和安装。

3. 盘箱柜制作及喷漆。

4. 空调装置。

5. 控制室照明。

四、相关说明：

1. 仪表盘、箱、柜基础支架（支座）制作安装，应执行第四册《电气设备及线缆安装过程》相应项目。

2. 盘上需要安装的元件、部件应另行计算安装费。随盘成套的元件、部件，不得另行计算。

3. 盘柜接线检查是为成套仪表盘校线设置的，不适用接线箱、组（插）件箱、计算机机柜检查接线。

4. 由外部电缆进入箱、柜端子板校接线的工作，应执行本章端子板校接线相应项目。

工程量计算规则

一、仪表盘、箱、柜安装，按设计图示数量，分别以“台”为计量单位。

二、仪表盘开孔，以“个”为计量单位，每一个开孔尺寸是 80mm × 160mm 以内，超过时，按比例增加计算。

三、密封材料，以“100kg”为计量单位，包括领搬、密封、固化、检查、清理、凡控制室需要进行密封的工程，均可执行本章相应项目。

四、接线箱安装，应区分端子数量的不同，分别以“台”为计量单位。

五、电磁阀箱安装，应区分出口点不同，分别以“台”为计量单位。

六、端子板安装，以“组”为计量单位，每组为 10 个端子。

一、仪表盘、箱、柜安装

工作内容：开箱、检查、就位、组装、找正、固定、接地、清理、挂牌。　　　　**计量单位：**台

编号				6-9-1	6-9-2	6-9-3	6-9-4
项目				大型通道盘	柜式、框架式盘	组合式盘台	屏式盘
		名称	单位	消耗量			
人工	000203000	综合二类工	工日	5.876	3.899	4.727	1.169
材料	031509005	垫铁	kg	1.200	0.800	1.200	0.400
	284309003	接地线 5.5～16mm^2	m	0.800	0.800	0.800	0.800
	022703006	细白布 宽 900	m	0.050	0.050	0.050	0.050
	340515001	标签纸（综合）	m	0.300	0.300	0.300	0.100
	850103006	其他材料费（占材料费）	%	5.000	5.000	5.000	5.000
机械	990305010	叉式起重机 3t	台班	0.200	0.200	0.200	0.100
	990401030	载重汽车 8t	台班	0.200	0.150	0.150	0.080
	990304016	汽车式起重机 16t	台班	0.100	0.060	0.100	0.040
	873174017	线号打印机	台班	0.040	0.020	0.040	0.020
	870613023	手持式万用表	台班	0.564	0.367	0.450	0.106
	870622055	接地电阻测试仪	台班	0.050	0.050	0.050	0.050

工作内容：开箱、检查、就位、组装、找正、固定、接地、清理、挂牌。　　　　**计量单位：**台

编号				6-9-5	6-9-6	6-9-7	6-9-8	6-9-9
项目				充气式仪表柜	半模拟盘（1.4m^2）	操作台	挂式盘	盘、柜转角板、侧壁板
		名称	单位	消耗量				
人工	000203000	综合二类工	工日	6.009	1.429	2.077	0.609	0.450
材料	031509005	垫铁	kg	0.800	—	1.200	—	0.600
	022703006	细白布 宽 900	m	0.200	0.100	0.100	0.050	0.050
	284309003	接地线 5.5～16mm^2	m	1.500	0.050	0.800	1.000	—
	340515001	标签纸（综合）	m	0.200	0.300	0.300	0.200	—
	341304005	位号牌	个	1.000	—	—	—	—
	850103006	其他材料费（占材料费）	%	5.000	5.000	5.000	5.000	5.000
机械	991003020	电动空气压缩机 0.6m^3/min	台班	0.300	—	—	—	—
	990401030	载重汽车 8t	台班	0.200	0.020	0.030	—	—
	990304016	汽车式起重机 16t	台班	0.100	—	—	—	—
	873174017	线号打印机	台班	0.020	0.040	0.040	0.030	—
	873174013	铭牌打印机	台班	0.012	—	—	—	—
	870613023	手持式万用表	台班	0.289	0.143	0.204	0.061	—
	870622055	接地电阻测试仪	台班	0.050	—	—	—	—
	990305010	叉式起重机 3t	台班	—	—	0.030	—	—

工作内容：开箱、检查、就位、组装、找正、固定、接地、清理、挂牌。 **计量单位：**台

编号				6-9-10	6-9-11	6-9-12	6-9-13
项目				接线箱/盒（端子数以内）			
				6	14	48	60
名称			单位	消耗量			
人工	000203000	综合二类工	工日	0.410	0.747	1.590	2.364
材料	180000003	管件 *DN*15 以下	套	（4.000）	（5.000）	（7.000）	（12.000）
	284309003	接地线 5.5～16mm^2	m	1.000	1.500	1.500	1.500
	280301003	铜芯塑料绝缘电线 BV-1.5mm^2	m	1.000	2.000	4.000	6.000
	290697001	线号套管（综合）	m	0.050	0.100	0.290	0.360
	022703006	细白布 宽 900	m	0.020	0.030	0.050	0.050
	341304005	位号牌	个	1.000	1.000	1.000	1.000
	031509005	垫铁	kg	—	—	0.080	1.000
	850103006	其他材料费（占材料费）	%	5.000	5.000	5.000	5.000
机械	873174017	线号打印机	台班	0.012	0.028	0.096	0.120
	873174013	铭牌打印机	台班	0.012	0.012	0.012	0.012
	873152063	数字式快速对线仪	台班	0.072	0.131	0.278	0.413
	870613023	手持式万用表	台班	0.093	0.170	0.361	0.536
	870622055	接地电阻测试仪	台班	0.050	0.050	0.050	0.050
	873150102	对讲机（一对）	台班	0.061	0.112	0.238	0.354

工作内容：开箱、检查、就位、组装、找正、固定、接地、清理、挂牌。 **计量单位：**台

编号				6-9-14	6-9-15	6-9-16	6-9-17
项目				防爆接线箱/盒（端子数以内）			
				6	14	48	60
名称			单位	消耗量			
人工	000203000	综合二类工	工日	0.481	0.767	1.608	2.437
材料	180000003	管件 *DN*15 以下	套	（4.000）	（5.000）	（7.000）	（12.000）
	284309003	接地线 5.5～16mm^2	m	1.000	1.500	1.500	1.500
	280301003	铜芯塑料绝缘电线 BV-1.5mm^2	m	1.000	2.000	4.000	6.000
	290697001	线号套管（综合）	m	0.050	0.100	0.290	0.360
	022703006	细白布 宽 900	m	0.020	0.080	0.100	0.100
	133504002	防爆阻燃密封剂	kg	0.010	0.020	0.040	0.050
	341304005	位号牌	个	1.000	1.000	1.000	1.000
	031509005	垫铁	kg	—	—	0.080	1.000
	850103006	其他材料费（占材料费）	%	5.000	5.000	5.000	5.000
机械	873174017	线号打印机	台班	0.012	0.028	0.096	0.120
	873174013	铭牌打印机	台班	0.012	0.012	0.012	0.012
	873152063	数字式快速对线仪	台班	0.096	0.153	0.321	0.486
	870613023	手持式万用表	台班	0.120	0.191	0.401	0.608
	870622055	接地电阻测试仪	台班	0.050	0.050	0.050	0.050
	873150102	对讲机（一对）	台班	0.072	0.115	0.241	0.365

工作内容：开箱、检查、就位、组装、找正、固定、接地、清理、挂牌。　　**计量单位：**台

编号				6-9-18	6-9-19	6-9-20	6-9-21	6-9-22	6-9-23
项目				保温（护）箱		电磁阀箱出口点（点以内）			供电箱
				玻璃钢	钢制	5	12	19	
名称			单位	消耗量					
人工	000203000	综合二类工	工日	1.376	1.164	1.096	1.764	2.223	1.746
材料	181625019	仪表接头	套	（4.000）	（4.000）	（5.000）	（12.000）	（19.000）	—
	031509005	垫铁	kg	0.400	0.400	0.400	0.400	0.400	—
	284309003	接地线 5.5～16mm²	m	—	—	1.500	1.500	1.500	1.500
	280301003	铜芯塑料绝缘电线 BV-1.5mm²	m	—	—	4.000	8.000	15.000	5.000
	290697001	线号套管（综合）	m	—	—	0.080	0.200	0.300	0.200
	022703006	细白布 宽 900	m	0.050	0.050	0.050	0.050	0.050	0.080
	133504002	防爆阻燃密封剂	kg	—	—	0.050	0.080	0.150	—
	341304005	位号牌	个	1.000	1.000	6.000	13.000	20.000	1.000
	850103006	其他材料费（占材料费）	%	5.000	5.000	5.000	5.000	5.000	5.000
机械	873174017	线号打印机	台班	—	—	0.025	0.040	0.050	0.040
	873174013	铭牌打印机	台班	0.012	0.012	0.072	0.156	0.240	0.012
	870613023	手持式万用表	台班	—	—	0.109	0.176	0.222	0.174
	870613013	兆欧表	台班	—	—	0.030	0.030	0.030	0.030
	870622055	接地电阻测试仪	台班	—	—	0.050	0.050	0.050	0.050
	873150102	对讲机（一对）	台班	—	—	0.164	0.264	0.333	—

二、盘柜附件、元件安装制作

工作内容：组对、钻孔、安装、固定。　　**计量单位：**见表

编号				6-9-24	6-9-25	6-9-26	6-9-27
项目				盘柜照明罩	端子板安装	汇流排	
						制作	安装
单位				个	组	m	
名称			单位	消耗量			
人工	000203000	综合二类工	工日	0.320	0.187	0.419	0.121
材料	290907003	端子板 JX2-2510	组	—	（1.000）	—	—
	280115005	铜排 25×3	m	—	—	（1.030）	—
	271100002	绝缘子	个	—	—	—	（4.000）
	030103070	平头螺钉 M4×15	套	—	2.000	—	2.000
	030103012	半圆头铜螺钉带螺母 M4×10	套	—	—	18.000	—
	031102005	铁砂布 0#～2#	张	—	—	0.500	—
	284309003	接地线 5.5～16mm²	m	—	—	—	0.800
	850103006	其他材料费（占材料费）	%	5.000	5.000	5.000	5.000
机械	990728010	摇臂钻床 25mm	台班	—	—	0.228	—

工作内容：组对、钻孔、安装、固定。 **计量单位：**见表

编号				6-9-28	6-9-29	6-9-30	6-9-31
项目				稳压稳频供电源	多点切换开关	盘上其他元件	盘内汇线槽
单位				台	个	10 个	m
名称			单位	消耗量			
人工	000203000	综合二类工	工日	0.397	0.243	0.320	0.143
材料	290399001	汇线槽	m	—	—	—	（1.030）
	280301003	铜芯塑料绝缘电线 BV-1.5mm²	m	0.500	1.200	—	—
	284309003	接地线 5.5～16mm²	m	0.800	—	—	—
	031303021	松香焊锡丝 $\phi2$	m	0.050	0.100	0.500	—
	290697001	线号套管（综合）	m	0.140	0.300	0.050	—
	093301001	真丝绸布 宽 900	m	—	0.070	0.050	—
	031102005	铁砂布 0#～2#	张	—	—	0.500	—
	030103070	平头螺钉 M4×15	套	—	—	—	2.400
	850103006	其他材料费（占材料费）	%	5.000	5.000	5.000	5.000
机械	873174017	线号打印机	台班	0.018	0.011	—	—
	870613023	手持式万用表	台班	0.079	0.048	0.064	—

工作内容：组对、钻孔、安装、固定。 **计量单位：**见表

编号				6-9-32	6-9-33	6-9-34	6-9-35
项目				减震器制作	减震器安装	仪表盘开孔 80×160 以内	控制室密封 密封剂（100kg）
单位				个		100kg	
名称			单位	消耗量			
人工	000203000	综合二类工	工日	1.953	0.783	0.374	2.520
材料	012300002	型钢（综合）	kg	（14.400）	—	—	—
	133504004	密封剂	kg	—	—	—	（105.000）
	031101006	砂轮片 $\phi400$	片	0.050	—	—	—
	031101002	砂轮片 $\phi100$	片	0.050	0.010	—	—
	031102005	铁砂布 0#～2#	张	2.000	1.000	3.000	—
	031301009	低碳钢焊条 J427（综合）	kg	0.100	0.050	—	—
	022703006	细白布 宽 900	m	0.400	0.050	0.050	0.400
	130505007	酚醛防锈漆	kg	0.220	—	—	—
	130115006	酚醛调和漆	kg	0.170	—	—	—
	850103006	其他材料费（占材料费）	%	5.000	5.000	5.000	5.000
机械	990904030	直流弧焊机 20kV·A	台班	0.300	0.050	—	—
	990785030	砂轮切割机 $\phi400$	台班	0.500	—	—	—
	990797020	台式砂轮机 $\phi100$	台班	0.500	0.100	—	—

三、盘、柜校接线

工作内容：电线剥头、打印字码、校线、套线号、压接或焊接端子头、配线、捆扎。　　　**计量单位：**见表

编号				6-9-36	6-9-37	6-9-38	6-9-39	6-9-40	6-9-41
项目				端子板校接线			专用插头校接线	盘柜接线检查	盘柜配线
				直压式	端头压接式	锡焊式			
单位				10头			10个	10头	10m
名称			单位	消耗量					
人工	000203000	综合二类工	工日	0.231	0.297	0.331	0.423	0.119	0.284
材料	280301014	铜芯塑料绝缘电线 BV-1×1.5mm^2	m	—	—	—	—	—	（10.500）
	290697001	线号套管（综合）	m	0.240	0.240	0.240	—	0.040	0.100
	290901001	接线铜端子头	个	—	12.000	—	—	2.000	—
	340515001	标签纸（综合）	m	0.200	0.200	0.200	0.300	0.100	0.500
	290645058	塑料线夹 $\phi15$	个	—	—	—	—	—	3.000
	031102005	铁砂布 0$^{\#}$～2$^{\#}$	张	0.300	0.300	0.400	0.100	—	—
	031599008	钢精扎头 1$^{\#}$～5$^{\#}$	包	—	—	—	—	—	0.200
	031303021	松香焊锡丝 $\phi2$	m	—	—	0.300	—	—	—
	850103006	其他材料费（占材料费）	%	5.000	5.000	5.000	5.000	5.000	5.000
机械	873174017	线号打印机	台班	0.021	0.027	0.030	0.038	0.011	0.026
	870613023	手持式万用表	台班	0.162	0.208	0.231	0.296	0.083	0.199

第十章

仪表附件安装制作

说 明

一、本章定额内容包括仪表阀门安装与研磨，仪表支架制作与安装，辅助容器、附件及取源部件制作与安装。

二、本章定额包括以下工作内容：

1. 仪表阀门：领取、清洗、试压、法兰连接、螺纹连接、卡套连接、焊接、接头安装。

2. 取压根部阀是指由工艺预留的根部阀，包括配合工艺专业安装并指定安装位置，并负责连接仪表管路。

3. 辅助容器及附件制作安装：制作包括领运、下料、组装、焊接、除锈、刷漆等。安装包括搬运、定位、打眼、本体固定。

4. 取源部件配合安装内容包括取源部件提供、配合定位、焊接、固定。

三、相关说明：

1. 大于 50mm 的阀门安装，应执行第八册《工业管道安装工程》相应项目。

2. 取源部件安装，应执行第八册《工业管道安装工程》相应项目。

3. 防雨罩用于仪表及保温（护）箱，计算工程量时不区分大小，主材用量可按实际进行调整。

4. 电缆穿墙密封架如需要制作时，应执行第四册《电气设备与线缆安装工程》相应项目。

工程量计算规则

一、取源部件配合安装，以“个”为计量单位。

二、辅助容器、水封、和排污漏斗制作安装，分别以“个”为计量单位。

三、仪表阀门安装，以“个”为计量单位。

四、气源分配器制作应区分供气点的不同，按碳钢（镀锌）、不锈钢、黄铜材质，分别以“个”为计量单位。

五、排污漏斗与防雨罩制作安装，分别以“10 个”为计量单位。

六、双杆吊架、冲孔板/槽、电缆穿墙密封架，均是按成品件考虑的。双杆吊架安装，以“对”为计量单位，如单杆安装，按二分之一计算工程量；冲孔板/槽是电缆或管路的固定件，以“m”为计量单位；电缆穿墙密封架安装不分大小，以“个”为计量单位。

七、混凝土基础规格 400mm × 400mm，体积为 $0.112m^3$/个，以“10 个”为计量单位。如规格与本项目不同时，可按实际体积与本项目体积之比乘以系数计算。

八、仪表立柱安装，以“10 根”为计量单位，每根 1.50m 长，如立柱长度大于 1.50m 时，立柱材料消耗量可按实际调整。

一、仪表阀门安装

工作内容：清洗、试压、焊接或法兰连接、螺纹连接、卡套连接、焊接、接头安装。　　**计量单位：**个

编　号				6-10-1	6-10-2	6-10-3
项　目				焊接式阀门（*DN*50 以内）		法兰式阀门（*DN*50 以内）
				碳钢	不锈钢	
名　称			单位	消　耗　量		
人工	000203000	综合二类工	工日	0.182	0.214	0.110
材料	190000002	阀门	个	（1.000）	（1.000）	（1.000）
	031301009	低碳钢焊条 J427（综合）	kg	0.040	—	—
	022703006	细白布 宽 900	m	0.020	0.010	0.020
	143505004	清洗液 500mL	瓶	0.050	—	0.050
	031303017	不锈钢焊丝（综合）	kg	—	0.020	—
	142911001	氩气	m^3	—	0.056	—
	340101003	铈钨棒	g	—	0.112	—
	143169002	酸洗膏	kg	—	0.020	—
	850103006	其他材料费（占材料费）	%	5.000	5.000	5.000
机械	990813025	试压泵 10MPa	台班	0.021	0.025	0.020
	990904030	直流弧焊机 20kV · A	台班	0.060	—	—
	990912010	氩弧焊机 500A	台班	—	0.070	—

工作内容：清洗、试压、焊接或法兰连接、螺纹连接、卡套连接、焊接、接头安装。　　**计量单位：**个

编号				6-10-4	6-10-5	6-10-6	6-10-7	6-10-8
项目				取压根部阀		外螺纹阀门		
				碳钢	不锈钢	碳钢	不锈钢	铜
名称			单位	消耗量				
人工	000203000	综合二类工	工日	0.143	0.176	0.154	0.181	0.187
材料	190000002	阀门	个	—	—	（1.000）	（1.000）	（1.000）
	181625019	仪表接头	套	（1.000）	（1.000）	（2.000）	（2.000）	（2.000）
	022703006	细白布 宽 900	m	0.020	0.010	0.050	0.010	0.010
	143505004	清洗液 500mL	瓶	—	—	0.050	—	—
	031303017	不锈钢焊丝（综合）	kg	—	0.010	—	0.010	—
	031303010	铜氩弧焊丝	kg	—	—	—	—	0.014
	142911001	氩气	m^3	—	0.028	—	0.028	0.039
	340101003	铈钨棒	g	—	0.056	—	0.056	0.078
	143169002	酸洗膏	kg	—	0.015	—	0.010	—
	031301023	碳钢气焊条（综合）	kg	0.042	—	0.010	—	—
	142907002	乙炔气	kg	0.016	—	0.010	—	—
	142909001	氧气	m^3	0.042	—	0.026	—	—
	850103006	其他材料费（占材料费）	%	—	—	5.000	5.000	5.000
机械	991003010	电动空气压缩机 0.3m^3/min	台班	—	—	—	—	0.011
	990813025	试压泵 10MPa	台班	0.023	0.022	0.020	0.023	0.017
	990912010	氩弧焊机 500A	台班	—	0.050	—	0.057	0.055

工作内容：清洗、试压、焊接或法兰连接、螺纹连接、卡套连接、焊接、接头安装。　　**计量单位：**个

编号				6-10-9	6-10-10	6-10-11
项目				内螺纹阀门		
				碳钢	不锈钢	铜
名称			单位	消耗量		
人工	000203000	综合二类工	工日	0.093	0.107	0.101
材料	190000002	阀门	个	（1.000）	（1.000）	（1.000）
	181625019	仪表接头	套	（2.000）	（2.000）	（2.000）
	340203007	聚四氟乙烯生料带（综合）	m	0.200	0.200	0.200
	142907002	乙炔气	kg	0.010	—	—
	142909001	氧气	m^3	0.026	—	—
	031301023	碳钢气焊条（综合）	kg	0.010	—	—
	022703006	细白布 宽 900	m	0.050	0.010	0.010
	143505004	清洗液 500mL	瓶	0.050	—	—
	850103006	其他材料费（占材料费）	%	5.000	5.000	5.000
机械	990813025	试压泵 10MPa	台班	0.025	0.029	0.018
	991003010	电动空气压缩机 0.3m^3/min	台班	—	—	0.009

工作内容： 清洗、试压、焊接或法兰连接、螺纹连接、卡套连接、焊接、接头安装。 **计量单位：** 个

编号				6-10-12	6-10-13	6-10-14	6-10-15	6-10-16
项目				卡套式阀门	气源球阀	三阀组、五阀组		高压角阀
						碳钢	不锈钢	
		名称	单位	消耗量				
人工	000203000	综合二类工	工日	0.056	0.066	0.217	0.244	0.150
材料	190000002	阀门	个	（1.000）	（1.000）	（1.000）	（1.000）	（1.000）
	181625019	仪表接头	套	（2.000）	（2.000）	（5.000）	（5.000）	—
	183121002	高压管件	套	—	—	—	—	（2.000）
	340203007	聚四氟乙烯生料带（综合）	m	—	0.100	—	—	—
	142907002	乙炔气	kg	—	—	0.040	—	—
	142909001	氧气	m^3	—	—	0.104	—	—
	031301023	碳钢气焊条（综合）	kg	—	—	0.060	—	—
	022703006	细白布 宽 900	m	—	—	0.050	0.010	0.010
	143505004	清洗液 500mL	瓶	0.020	—	0.050	—	0.050
	031303017	不锈钢焊丝（综合）	kg	—	—	—	0.100	—
	142911001	氩气	m^3	—	—	—	0.280	—
	340101003	钍钨棒	g	—	—	—	0.560	—
	143169002	酸洗膏	kg	—	—	—	0.050	—
	850103006	其他材料费（占材料费）	%	5.000	5.000	5.000	5.000	5.000
机械	990912010	氩弧焊机 500A	台班	—	—	—	0.091	—
	990813040	试压泵 35MPa	台班	—	—	—	—	0.020
	991003020	电动空气压缩机 $0.6m^3/min$	台班	0.015	0.014	—	—	—

二、仪表支架制作安装

工作内容： 准备、运输、组装、安装、焊接或螺栓固定。 **计量单位：** 个

编号				6-10-17	6-10-18	6-10-19	6-10-20	6-10-21
项目				托臂安装（臂长 mm 以内）				
				500	800	1000	2500	4000
		名称	单位	消耗量				
人工	000203000	综合二类工	工日	0.231	0.287	0.397	0.612	0.827
材料	290207002	桥架立柱	个	—	—	（1.000）	（1.000）	（1.000）
	031301009	低碳钢焊条 J427（综合）	kg	—	—	0.100	0.100	0.100
	022703006	细白布 宽 900	m	0.050	0.050	0.050	0.050	0.100
	290209002	桥架支撑	个	（1.000）	（1.000）	—	—	—
	850103006	其他材料费（占材料费）	%	5.000	5.000	5.000	5.000	5.000
机械	990401015	载重汽车 4t	台班	—	—	—	0.040	0.050
	990304016	汽车式起重机 16t	台班	—	—	—	—	0.036
	990904030	直流弧焊机 20kV·A	台班	—	—	0.010	0.010	0.010

工作内容： 准备、运输、组装、安装、焊接或螺栓固定。　　　　**计量单位：** 见表

编号				6-10-22	6-10-23	6-10-24	6-10-25	6-10-26	6-10-27
项目				仪表支吊架安装			仪表立柱		混凝土基础 400×400
				双杆吊架	电缆穿墙密封架	冲孔板/槽	制作	安装	
单位				5对	个	m	10根		10个
名称			单位	消耗量					
人工	000203000	综合二类工	工日	2.348	1.764	0.176	5.623	1.533	14.553
材料	182715002	双杆吊架	对	（5.000）	—	—	—	—	—
	860150002	穿墙密封架	个	—	（1.000）	—	—	—	—
	226111002	冲孔板	m	—	—	（1.050）	—	—	—
	170301011	镀锌钢管 *DN*50	m	—	—	—	（15.040）	—	—
	012903021	热轧中厚钢板 δ10	kg	—	—	—	（39.300）	—	—
	031301009	低碳钢焊条 J427（综合）	kg	—	0.150	—	0.500	0.050	1.600
	031101002	砂轮片 ϕ100	片	—	—	—	0.050	0.020	—
	022703006	细白布 宽900	m	0.050	0.050	0.020	0.200	0.100	—
	031509001	铁件（综合）	kg	—	—	—	—	—	45.800
	040301001	中砂	m^3	—	—	—	—	—	0.060
	040501011	碎石 20～40	m^3	—	—	—	—	—	1.000
	031501007	圆钉	kg	—	—	—	—	—	0.400
	023301002	草袋	个	—	—	—	—	—	10.000
	040100006	水泥 42.5	kg	—	—	—	—	—	400.000
	130505007	酚醛防锈漆	kg	—	—	—	1.000	—	—
	050401003	板枋材	m^3	—	—	—	—	—	0.060
	130115006	酚醛调和漆	kg	—	—	—	0.400	—	—
	143505004	清洗液 500mL	瓶	—	—	—	0.200	—	—
	031102005	铁砂布 0#～2#	张	—	—	—	4.000	—	—
	142907002	乙炔气	kg	—	—	—	0.040	—	—
	142909001	氧气	m^3	—	—	—	0.104	—	—
	031101006	砂轮片 ϕ400	片	—	—	—	0.050	—	—
	850103006	其他材料费（占材料费）	%	5.000	5.000	5.000	5.000	5.000	5.000
机械	990785030	砂轮切割机 ϕ400	台班	—	—	—	1.000	—	—
	990797020	台式砂轮机 ϕ100	台班	—	—	—	0.600	—	—
	990726010	台式钻床 16mm	台班	—	—	—	0.100	—	—
	990904030	直流弧焊机 20kV·A	台班	—	0.040	—	0.100	0.020	0.100
	990797030	手提式砂轮机	台班	—	—	—	—	0.500	—
	990401045	载重汽车 15t	台班	—	—	—	—	—	0.200

三、辅助容器、附件制作安装

工作内容： 准备、划线、下料切割、钻孔、组对、焊接、焊接头、密封试验、碳钢除锈防腐刷漆、清洗、不锈钢酸洗、本体固定。

计量单位： 个

编号				6-10-28	6-10-29	6-10-30	6-10-31	6-10-32	6-10-33
项目				辅助容器制作		辅助容器安装	水封制作		水封安装
				碳钢	不锈钢		碳钢	不锈钢	
名称			单位	消耗量					
人工	000203000	综合二类工	工日	1.742	2.062	0.518	1.059	1.378	0.408
材料	170201071	无缝钢管 *DN*100	m	（0.500）	（0.500）	—	—	—	—
	181625019	仪表接头	套	（3.000）	（3.000）	—	—	—	—
	012900003	钢板（综合）	kg	—	—	—	（5.000）	（5.000）	—
	031101006	砂轮片 ϕ400	片	0.005	0.007	—	0.010	0.012	—
	031101002	砂轮片 ϕ100	片	0.010	0.012	—	0.015	0.018	—
	031102005	铁砂布 $0^{\#}$～$2^{\#}$	张	1.000	1.000	—	2.000	2.000	—
	130115006	酚醛调和漆	kg	0.200	—	—	0.250	—	—
	130505007	酚醛防锈漆	kg	0.200	—	—	0.250	—	—
	140509006	油漆溶剂油	kg	0.100	—	—	0.150	—	—
	142907002	乙炔气	kg	0.100	—	—	0.015	—	—
	142909001	氧气	m^3	0.260	—	—	0.039	—	—
	031301023	碳钢气焊条（综合）	kg	0.120	—	0.010	0.020	—	—
	022703006	细白布 宽900	m	0.100	0.050	—	0.300	0.200	—
	031301009	低碳钢焊条 J427（综合）	kg	0.200	—	—	0.300	—	—
	031303017	不锈钢焊丝（综合）	kg	—	0.017	—	—	0.017	—
	142911001	氩气	m^3	—	0.046	—	—	0.046	—
	340101003	铈钨棒	g	—	0.092	—	—	0.092	—
	143169002	酸洗膏	kg	—	0.050	—	—	0.050	—
	340203007	聚四氟乙烯生料带（综合）	m	—	—	0.600	—	—	0.600
	850103006	其他材料费（占材料费）	%	5.000	5.000	5.000	5.000	5.000	5.000
机械	991003020	电动空气压缩机 0.6m^3/min	台班	0.222	0.258	—	—	—	—
	990813020	试压泵 6MPa	台班	0.030	0.034	—	0.017	0.022	—
	990797030	手提式砂轮机	台班	0.050	0.100	—	0.100	0.150	—
	990904030	直流弧焊机 20kV·A	台班	0.100	—	—	0.200	—	—
	990912010	氩弧焊机 500A	台班	—	0.150	—	—	0.180	—

工作内容： 准备、划线、下料切割、钻孔、组对、焊接、焊接头、密封试验、碳钢除锈防腐刷漆、清洗、不锈钢酸洗、本体固定。

计量单位：个

编号				6-10-34	6-10-35	6-10-36	6-10-37	6-10-38	6-10-39
项目				气源分配器制作					
				（供气 6 点）			（供气 12 点）		
				碳钢	黄铜	不锈钢	碳钢	黄铜	不锈钢
名称			单位	消耗量					
人工	000203000	综合二类工	工日	0.970	1.103	1.224	1.500	1.587	1.720
材料	181625019	仪表接头	套	（6.000）	（6.000）	（6.000）	（12.000）	（12.000）	（12.000）
	170301001	镀锌钢管 DN6～50	m	（1.720）	—	—	（3.240）	—	—
	171503001	黄铜管 ϕ6～50	m	—	（1.720）	—	—	（3.240）	—
	170700003	不锈钢管（综合）	m	—	—	（1.720）	—	—	（3.240）
	031101006	砂轮片 ϕ400	片	0.020	0.020	0.020	0.030	0.030	0.030
	031101002	砂轮片 ϕ100	片	0.020	0.020	0.020	0.025	0.025	0.025
	031102005	铁砂布 0#～2#	张	1.000	1.000	1.000	2.000	2.000	2.000
	031301023	碳钢气焊条（综合）	kg	0.096	—	—	0.192	—	—
	142907002	乙炔气	kg	0.096	—	—	0.192	0.010	—
	142909001	氧气	m^3	0.250	—	—	0.499	0.026	—
	022703006	细白布 宽 900	m	0.200	0.200	0.200	0.300	0.300	0.300
	130505007	酚醛防锈漆	kg	0.150	—	—	0.300	—	—
	130115006	酚醛调和漆	kg	0.300	—	—	0.600	—	—
	031307002	铜焊粉	kg	—	0.840	—	—	1.680	—
	031303010	铜氩弧焊丝	kg	—	0.084	—	—	0.162	—
	142911001	氩气	m^3	—	0.235	0.277	—	0.454	0.554
	340101003	铈钨棒	g	—	0.470	0.554	—	0.907	1.109
	031303017	不锈钢焊丝（综合）	kg	—	—	0.099	—	—	0.198
	143169002	酸洗膏	kg	—	—	0.060	—	—	0.100
	850103006	其他材料费（占材料费）	%	5.000	5.000	5.000	5.000	5.000	5.000
机械	991003020	电动空气压缩机 0.6m^3/min	台班	0.068	0.068	0.068	0.109	0.109	0.109
	990785030	砂轮切割机 ϕ400	台班	0.200	0.200	0.200	0.300	0.300	0.300
	990797020	台式砂轮机 ϕ100	台班	0.100	0.100	0.100	0.160	0.160	0.160
	990912010	氩弧焊机 500A	台班	—	0.200	0.200	—	0.350	0.350

工作内容：准备、划线、下料切割、钻孔、组对、焊接、焊接头、密封试验、碳钢除锈防腐刷漆、清洗、不锈钢酸洗、本体固定。　　　**计量单位：**见表

编　号				6-10-40	6-10-41	6-10-42	6-10-43	6-10-44	6-10-45
项　目				气源分配器安装	压力表过压保护器	压力表高温散热器	排污漏斗制作		排污漏斗安装
							碳钢	不锈钢	
单　位				个			10个		
名　称			单位	消　耗　量					
人工	000203000	综合二类工	工日	0.486	0.264	0.374	5.182	5.733	0.661
材料	012901007	热轧薄钢板 δ1.0～1.5	kg	—	—	—	(9.200)	—	—
	012913007	不锈钢板 δ1～1.5	kg	—	—	—	—	(9.230)	—
	031102005	铁砂布 0#～2#	张	—	—	—	2.000	2.000	—
	130115006	酚醛调和漆	kg	—	—	—	0.300	—	—
	130505007	酚醛防锈漆	kg	—	—	—	0.300	—	—
	143505004	清洗液 500mL	瓶	—	—	—	0.200	—	0.050
	022703006	细白布 宽900	m	0.100	0.050	0.050	0.100	0.100	0.020
	031101002	砂轮片 ϕ100	片	—	—	—	0.010	0.010	—
	142907002	乙炔气	kg	—	—	—	—	—	0.120
	226117001	气源分配器	台	(1.000)	—	—	—	—	—
	142909001	氧气	m^3	—	—	—	—	—	0.312
	340203007	聚四氟乙烯生料带（综合）	m	1.000	—	—	—	—	—
	031301023	碳钢气焊条（综合）	kg	—	—	—	—	—	0.120
	341304005	位号牌	个	12.000	—	—	—	—	—
	850103006	其他材料费（占材料费）	%	5.000	5.000	5.000	5.000	5.000	5.000
机械	873174013	铭牌打印机	台班	0.144	—	—	—	—	—
	990732005	剪板机 6.3×2000mm	台班	—	—	—	0.150	0.150	—
	990739020	咬口机 1.5mm	台班	—	—	—	0.100	0.100	—

工作内容：准备、划线、下料切割、钻孔、组对、焊接、焊接头、密封试验、碳钢除锈防腐刷漆、清洗、不锈钢酸洗、本体固定。

计量单位：见表

编号				6-10-46	6-10-47	6-10-48	6-10-49	6-10-50	6-10-51
项目				防雨罩制作		防雨罩安装	取源部件配合安装	温度计套管安装	
				碳钢	不锈钢			碳钢	不锈钢
单位				10个			个		
名称			单位	消耗量					
人工	000203000	综合二类工	工日	8.159	9.151	2.756	0.066	0.199	0.254
材料	012300002	型钢（综合）	kg	（37.400）	（37.400）	—	—	—	—
	012913007	不锈钢板 δ1～1.5	kg	—	（36.300）	—	—	—	—
	182919005	温度计套管	个	—	—	—	—	（1.000）	（1.000）
	031102005	铁砂布 0#～2#	张	4.000	5.000	3.000	—	—	—
	031301001	不锈钢焊条（综合）	kg	—	2.400	—	—	—	—
	022703006	细白布 宽900	m	0.500	0.500	0.100	0.050	0.050	0.100
	031101002	砂轮片 ϕ100	片	0.030	0.030	—	—	—	—
	031301009	低碳钢焊条 J427（综合）	kg	2.400	—	0.600	—	0.080	—
	012901007	热轧薄钢板 δ1.0～1.5	kg	（36.300）	—	—	—	—	—
	143505004	清洗液 500mL	瓶	0.800	—	0.150	0.060	0.100	0.100
	130115006	酚醛调和漆	kg	1.200	—	—	—	—	—
	130505007	酚醛防锈漆	kg	1.200	—	—	—	—	—
	031303017	不锈钢焊丝（综合）	kg	—	—	—	—	—	0.050
	142911001	氩气	m^3	—	—	—	—	—	0.140
	340101003	铈钨棒	g	—	—	—	—	—	0.280
	850103006	其他材料费（占材料费）	%	5.000	5.000	5.000	5.000	5.000	5.000
机械	990912010	氩弧焊机 500A	台班	—	—	—	—	—	0.040
	990732005	剪板机 6.3×2000mm	台班	0.400	0.400	—	—	—	—
	990737010	折方机 1.5×2000mm	台班	0.240	0.250	—	—	—	—
	990739020	咬口机 1.5mm	台班	0.250	0.250	—	—	—	—
	990726010	台式钻床 16mm	台班	0.100	0.100	—	—	—	—
	990904030	直流弧焊机 20kV·A	台班	0.200	0.200	0.100	—	0.030	—

工作内容： 准备、划线、下料切割、钻孔、组对、焊接、焊接头、密封试验、碳钢除锈防腐刷漆、清洗、不锈钢酸洗、本体固定。

计量单位： 见表

编　　号				6-10-52	6-10-53	6-10-54	6-10-55	6-10-56
项　　目				压力表弯制作		压力表弯安装	均压环制作安装	
				碳钢	不锈钢		方型	圆型
单　　位				10个			套	
名　　称			单位	消　耗　量				
人工	000203000	综合二类工	工日	1.312	1.697	0.413	5.248	7.254
材料	181625019	仪表接头	套	(10.000)	(10.000)	—	—	—
	170700003	不锈钢管（综合）	m	—	(7.000)	—	—	—
	860113021	压力表表弯	个	—	—	(10.000)	—	—
	170201072	无缝钢管 冷拔（综合）	m	(7.000)	—	—	(1.600)	(1.600)
	170100015	焊接钢管（综合）	m	—	—	—	(12.400)	(10.350)
	180000003	管件 *DN*15 以下	套	—	—	—	(18.000)	(16.000)
	030109018	镀锌锁紧螺母 M20×3	个	—	—	—	(10.000)	(8.000)
	183109008	丝堵 *DN*20	个	—	—	—	(16.000)	(10.000)
	031102005	铁砂布 0#～2#	张	0.050	0.050	—	1.250	1.500
	031303017	不锈钢焊丝（综合）	kg	—	0.140	—	—	—
	142911001	氩气	m^3	—	0.392	—	—	—
	340101003	铈钨棒	g	—	0.784	—	—	—
	022703006	细白布 宽 900	m	0.100	0.070	0.050	—	—
	130115006	酚醛调和漆	kg	0.250	—	0.100	0.150	0.150
	143505004	清洗液 500mL	瓶	0.100	—	0.050	—	—
	031301023	碳钢气焊条（综合）	kg	0.100	—	—	0.050	—
	142907002	乙炔气	kg	0.190	—	—	0.040	—
	142909001	氧气	m^3	0.494	—	—	0.104	—
	130505007	酚醛防锈漆	kg	0.150	—	—	0.250	0.250
	133504003	密封剂	kg	—	—	—	0.100	0.050
	140303001	机油（综合）	kg	—	—	—	0.200	0.050
	850103006	其他材料费（占材料费）	%	5.000	5.000	5.000	5.000	5.000
机械	990912010	氩弧焊机 500A	台班	—	0.300	—	—	—
	990813005	试压泵 2.5MPa	台班	—	—	—	0.119	0.165